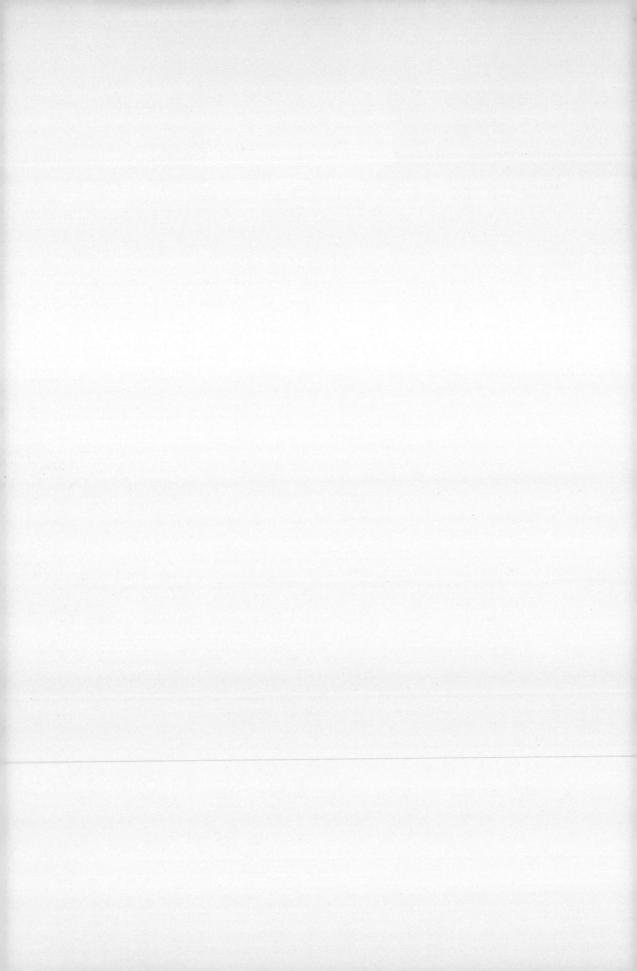

Agribusiness in Practice

実践・アグリビジネス1

顧客の喜びと笑顔を創造するユニーク経営

東京農業大学
国際食料情報学部
アグリビジネス学科

【編著】井形雅代・Saville Ramadhona

はしがき

［顧客の笑顔と感動を創造するユニーク経営］
―『実践・アグリビジネス』創刊―

　2002年の第1号の出版以来、『バイオビジネス』シリーズの編纂を担当してきました東京農業大学国際食料情報学部国際バイオビジネス学科は、2023年4月、アグリビジネス学科と改称いたしました。「アグリビジネス」は農林水産業に関連する経済活動全体を表す概念であり、多様な分野にわたる当学科の教育・研究内容をわかりやすく示す名称と考えております。

　『バイオビジネス』シリーズは、これまでに合わせて20巻が刊行されていますが、学科名称の変更に伴い、これまでにも増して食・農に関連する様々なビジネスの実践と可能性をお伝えしていけるよう、書名も『実践・アグリビジネス』とさせていただきました。

　本号は『実践・アグリビジネス』としては第1号となりますが、『バイオビジネス』第1行から数えると第21号となります。本号では2022年12月に開催されました「東京農大経営者フォーラム2022」におきまして「東京農大経営者大賞」を受賞された3名の受賞者の経営実践内容について取り上げております。

　東京農大経営者フォーラムでは、東京農業大学（旧短期大学部を含む）の卒業生の中から、農林業をはじめ、造園業、醸造業、食品加工業、流通業、環境産業などの「農」を取り巻く諸産業において、第一線で活躍され優れた業績をあげられた経営者に、毎年「東京農大経営者大賞」「東京農大経営者賞」「東京農大経営特別賞」を授与しております。授賞の審査にあたっては、毎回10名前後からなる学内外の審査員が、①企業家精神、②経営の安定性、③先進性、④社会性、⑤将来性・発展性の5つの評価項目を中心に、厳正な書類審査および現地調査を実施し、受賞者を決定しております。

　本号の各章において紹介する経営者および経営の特徴は次のとおりです。

　第1章で取り上げた株式会社大嶋農場・代表取締役の大嶋康司氏は、茨城県筑西市において先代から継承した水稲＋ブロイラー経営からスタートされましたが、水稲経営に絞り多品種栽培に取り組みつつ、食味の向上のため独自の生産技術を工夫し、「百笑米」ブランドを確立されました。また、米の加工品をはじめとする食品加工にも挑戦され、さらに、BtoBへの販売チャンネルの多角化や、クラウドファインディングにも取り組まれ、米の強みと魅力を最大限に生かしたビジネスを展開されてきました。

　第2章で取り上げた有限会社座間洋らんセンター・代表取締役の加藤春幸氏は、神奈川県座間市にて、洋らんの生産・販売を行っておられます。学生時代から自分自身で

様々な情報を収集され、ファレノプシス（胡蝶蘭）の生産を開始されると、新品種の開発に取り組まれ、国内外の品評会で高く評価されました。また、都市化の影響から一時生産が困難になった際には、恩師などとの共同研究により LED 補光技術を確立されました。さらに、SDGs など社会的な要望を意識したリユースシステムの導入や、デジタルアート集団とのコラボなど、洋らんのあらたな可能性も積極的に発信しておられます。

　第 3 章で取り上げた堀口珈琲・代表取締役社長の堀口俊英氏は、東京都世田谷区にて、現代のニーズに合わせたスタイルで喫茶、コーヒーの焙煎・小売り・卸を展開しておられます。輸送、焙煎、梱包等の一連の品質管理に新技術を導入し、ブレンドを再構築するリブランディングに取り組まれるとともに、コーヒーの科学の学問的な確立を目指して研究を重ねられて多く書籍を出版され、その一部は外国語に翻訳されております。さらに、カルチャーセンターや講習会での講師をつとめられ、プロの育成と業界革新の先導役を担ってこられました。

　このように、いずれの経営者の皆様も、ユニークな視点から製品やサービスを提供し、顧客を笑顔に、感動を創造する経営を展開しておられます。そして、もちろん、それぞれの業界において注目すべき経営成果を上げられるとともに、各業界の発展に貢献されています。

　本書では、これら各氏の業績に焦点を当て、経営の展開過程、現在の経営状況と今後の経営課題など、経営実践全般について整理・分析しています。また、各章末には「東京農大経営者フォーラム」での講演要旨を掲載し、読者がアグリビジネス実践者の思いをより深くできるように工夫しています。このため、これまでの『バイオビジネス』シリーズは、国際バイオビジネス学科の「バイオビジネス経営実践論」、「バイオビジネス経営学演習」等の授業において、副読本とし積極的に利用していまいりました。今後は、本書を皮切りに、『実践・アグリビジネス』シリーズとして、引き続き東京農大経営者大賞受賞者の方々の経営実践内容を紹介してまいります。読者の皆様には、『実践・アグリビジネス』をテキストあるいは学びの素材として今後もご愛読・ご活用していただきますとともに、新シリーズの刊行にご理解とご協力を賜りますようお願い申し上げます。

　最後になりましたが、本書のケース紹介のために、ご多忙中にもかかわらず貴重なデータや情報を快くご提供してくださった大嶋康司氏、加藤春幸氏、堀口俊英氏には、改めて心より感謝申し上げます。

2024 年 3 月 6 日

編集代表　井形雅代・Saville Rhamadhona

2022年度農大経営者フォーラム

学校法人東京農業大学理事長　大澤貫寿氏挨拶

東京農業大学学長　江口文陽氏挨拶

講演をする株式会社大嶋農場
大嶋康司氏

講演をする有限会社座間洋らんセンター
加藤春幸氏

講演をする株式会社堀口珈琲
堀口俊英氏

目　次

目 次 ───────────────────────

［第2章］

洋らんを基軸とした戦略的農業経営の実践
―有限会社座間洋らんセンターの経営成長過程―

目 次 ────────────────

［第 3 章］

高品質コーヒーの市場創造によるニッチマーケットの開拓者
―株式会社堀口珈琲 堀口俊英氏―

第1章

ニーズを先取りした種子・特殊用途米生産経営の実践
−株式会社大嶋農場・稲作生産の可能性にかけるアントレプレナー−

鈴村源太郎・犬田剛・熊谷達哉

1．はじめに

　茨城県筑西市に本拠を置く株式会社大嶋農場（以下、大嶋農場）は、先代から受け継いだ稲作、養鶏の農業経営を大嶋康司氏が継承したのが1981年。2000年には法人化を果たし、その後の株式会社化を経て、**水稲の種子生産**[1]を中心とする水稲単作経営に成長した。

　水稲生産は、就農当時の4.2haから2023年度時点30ha規模へと大きく拡大したが、価格維持が難しいコシヒカリに対して、康司氏が当時注目したのが**機能性**[2]を有する「**ミルキークイーン**[3]」であった。ミルキークイーン生産を安定化させるため、種子の品質の重要性を知り、良質な種子確保のために**農研機構**[4]を訪ねたことが、その後の種子生産への糸口となった。近年では全国的に米の品種改良が進み、多種多様な品種が誕生する中、大嶋農場では約20haの圃場にて62品種の種子米生産を手がけている。

　また、大嶋農場では、有機栽培米や寿司やカレー料理などに適合する専用米の栽培を行っているほか、近隣の複数経営と連携して**大手中食チェーン**[5]への業務用米の販売を実施するなど、稲作を核としながらユニークな経営展開を遂げている。

　本章では、大嶋農場の経営展開の軌跡について、財務管理上の特徴に焦点を当てながら解説していきたい。

写真1－1　大嶋農場の圃場と筑波山

出所：大嶋農場提供

1）：水稲の種子生産は、水稲の安心・安定生産において重要である。商品となる種子には、異品種・異型株の混入がなく、発芽率が90％以上、病害虫に犯されていないなどの厳格な条件があり、高度な栽培管理が求められる。

2）：機能性とは、食品が栄養機能以外に持つ、健康の維持や向上に関与する生体調節機能などの総称。

3）：ミルキークイーンは、コシヒカリをもとに改良された米の品種。低アミロースの品種で、コシヒカリより粘りが強く、食味が良いとされる。特に、冷えてもかたくなりにくいところから、おにぎりや炊きこみごはんなどに向いている。（農林水産省ホームページ）

4）：「農研機構」は、「国立研究開発法人 農業・食品産業技術総合研究機構」のコミュニケーションネーム（通称）である。農研機構は、日本の農業と食品産業の発展のため、基礎から応用まで幅広い分野で研究開発を行う国の機関である。（農研機構ホームページ）

5）：大手中食チェーンとは、お店のメニュー・調理済み食品を、主にテイクアウトやデリバリーによって提供し、多店舗展開している経営形態のこと。

2．日本の米生産・消費の特徴

1）米の生産・消費動向

　まず、我が国の米をめぐる生産および消費動向を概観しよう。**図1－1**に示すように、米の総産出額は1989年の3兆2千億円から2021年には1兆4千億円と、過去30年間に産出額ベースの稲作産業規模が半分以下にまで縮小した。また、1962年に118kgだった国民一人当たりの年間消費量も漸減傾向であり、2020年には50.8kgと半分以下に減少した。さらに、こうした需要の減退によって、米の販売価格も高値が形成されにくくなっており、1993年の23,607円/60kgから2022年は13,908円/60kgへ41%低下するなど、長期的に低下傾向が継続している**（図1－2）**。

　こうした米消費減退の背景には**食の多様化**[6]が影響している。米の需要は、一部の産地の高価格帯

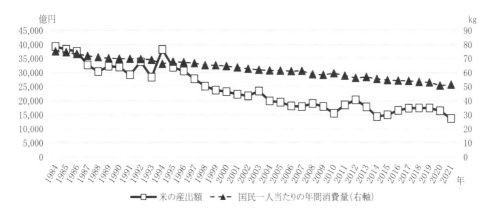

図1－1　米の産出額と国民一人あたりの年間消費量

出所：農林水産省「生産農業所得統計」「食料需給表」より作成

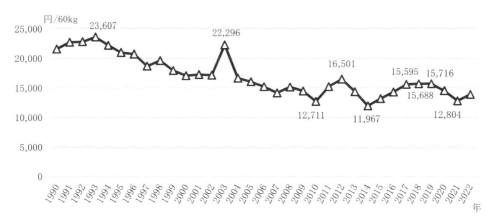

図1－2　米の販売価格の推移

出所：農林水産省「米をめぐる関係資料」より作成

6）：食の多様化とは、高度経済成長期の所得増加を背景に、米、大豆製品や魚介類を中心とした「日本型食生活」から小麦製品、肉類と乳製品、油脂類の消費割合が増加した「洋風化」が進み、近年では「多国籍化」と呼ばれるほどにまで多様化している。また、女性の社会進出などもあり、食の簡便化や外部化などが進展した。

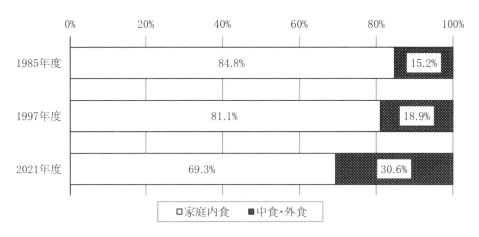

図１－３　米の消費における家庭内及び中食・外食の占める割合

出所：農林水産省「米をめぐる関係資料」より作成

ブランド米を含む家庭消費向け食用米の需要と、**中食**[7]・外食等に用いられる低価格の**業務用米**[8]需要に大別される。前者の家庭用米の需要は、単身世帯の増加、女性の社会進出等の社会構造の変化に伴う食の簡便化志向により強く影響を受け、炊飯に一定時間のかかる米飯が敬遠される傾向があるため、減少を続けた。一方、後者の中食・外食等の業務用需要の占める割合は年々増加傾向にある。1985年度に15.2％であった一人当たりの精米消費量に占める中食・外食向けの割合は、2021年度には倍の30.6％に達している**（図１－３）**。

　こうした中、従来の米産地においては、高価格帯中心の家庭用米を生産する志向が強く、この部分での需給のダブつき感は引き続き存在している。しかし**実需者**[9]として近年成長を続ける中食・外食産業における低価格帯中心の業務用米需要は堅調である。結果として、主食用米全体の需給は生産調整の甲斐あって均衡しつつも、内部を詳細にみると、用途別の需給にはミスマッチが生じていることが窺える。今後も需要が高まることが想定される業務用米については、中食・外食事業者が一定品質の米を大量に低価格で調達する傾向にあるが、その要求に対応できる生産者は、低コストかつ大量生産可能な大規模経営体に限られるといえる。

２）生産調整の経緯と飼料用米等の戦略的作物の位置づけ

　1965年頃に顕在化した米の過剰問題に対して、緊急的な米の生産抑制として1970年に生産調整政策、いわゆる**減反政策**[10]が開始された。その後、米の生産調整は順次強化される方向で進み、備蓄米在庫の縮減や需給調整を通じた米価維持など一定の役割を果たした。しかし、前述の米の消費量減少

---

7)：中食とは、惣菜店やコンビニエンスストア・スーパーなどでお弁当や総菜などを購入したり、外食店のデリバリーなどを利用して、家庭外で商業的に調理・加工されたものを購入して食べる形態の食事。（厚生労働省ホームページ）

8)：業務用米は、外食産業・中食産業などで消費される、比較的単価が低い米や料理等の用途・メニューに合わせた特性を有する米などのことである。多収品種が用いられることが多い。

9)：実需者とは、実際に需要として求めている事業者。企業間取引の際に用いられる用語だが、消費者を包含する概念として利用されることもある。

10)：減反政策とは、米の過剰生産を抑え、米価を維持するために国が米の生産量を調整する制度。田んぼの面積を表す単位である「反」を減らすことから減反と呼ばれた。（日本経済新聞）

図1－4　飼料用米の作付・生産状況

出所：農林水産省「飼料用米をめぐる情勢について」より筆者作成

を背景とした米価の緩やかな低下傾向を止めることはできず、生産調整拡大に対する限界感、生産調整への参加・不参加による不公平感などの様々なひずみを生んだことも事実である。2018 年に生産調整は廃止され、米の作付は原則自由となったが、それから 5 年が経過した 2023 年現在、様々なブランディングの取組が行われる中にあっても食用米の余剰感は再び現実のものとなりつつある。

　このため近年では、転作作物として家畜の飼料に供される飼料用米、**WCS（発酵粗飼料）稲**[11]等の作付けが推進されている。飼料用米の生産量は、**面積払いから数量払いへの変更**[12]など政策的な後押しもあり 2014 年産の 19 万トンから 2017 年産に 40 万トン台後半まで拡大し、その後一旦減少に転じた。しかし、コロナ禍における主食用米の需要減退の影響から 21 年産で飼料用米生産は急拡大し、22 年産の生産量は 80 万トンに伸びている**（図1－4）**。

　2020 年に閣議決定した「食料・農業・農村基本計画」では、飼料用米等の戦略作物は生産拡大の方向性が明確に位置付けられ、飼料用米は 2030 年度の生産努力目標が 70 万トンに設定された。国も飼料用米への転換を推奨するための支援を行っており、「水田活用の直接支払交付金」の**戦略作物助成**[13]や**産地交付金**[14]などがある。戦略作物助成は水田を活用して飼料用米を生産する農家に対し、収量に応じて 5.5 〜 10.5 万円 /10a 交付されるものである。飼料用米は、主食用米からの作付転換がほかの転作作物に比べ比較的容易であり、畜産業者にとっても、国内産の**粗飼料**[15]生産に立脚した安定的な畜産経営にも寄与することから、本作化の推進とともに飼料用米生産・利用拡大が政策的に進められている。

---

11)：稲の米粒が完熟する前（糊熟期〜黄熟期）に、穂と茎葉を同時に刈り取り、サイレージ化した粗飼料を WCS というが、その WCS に供するための稲。

12)：2013 年度までは作付面積に応じて交付する面積払いだったが、2014 年度からは飼料用米及び米粉用米について、単収向上へのインセンティブとして、生産数量に応じて交付金が支払われる数量払いへ変更された。

13)：水田を活用して麦、大豆、WCS 用稲、加工用米、飼料用米、米粉用米を生産した場合、受け取ることが可能な、水田活用の直接支払交付金の中の助成金の一つである。

14)：水田活用の直接支払交付金の戦略作物助成に加えて、都道府県設定分の助成が加算される助成金。

15)：粗飼料とは、牧草や青刈作物を栽培し、刈り取り、貯蔵のために乾燥（乾草）、加圧、発酵などの処理をし、牛・羊等の草食動物に供与するもの。（中央酪農会議）⇔濃厚飼料。

3）多様化する米の品種構成

　前述のような背景から、近年、飼料用米含めて米の品種は多様化が進んでいる。現在日本で栽培されている米の品種は 300 品種以上あると言われており、米穀安定供給確保支援機構（2023）によると、作付面積最多を占めているのは「コシヒカリ」、2 位が「ひとめぼれ」、3 位「ヒノヒカリ」、4 位「あきたこまち」、5 位「ななつぼし」となっている。

　かつて高度経済成長期頃まで、品種改良の目的は米自給に向けた収量の向上だったが、1970 年代に米の需給が逆転し、市場が米を選ぶことができるようになると、品質・良食味を重視する傾向へと変化していった。近年はこれらに加えて、機能性や耐病性などをもつ品種の育成が進められている。主食用米では、ミルキークイーンを筆頭に老化防止に役立つと言われる**低アミロース米**[16]や活性炭素の消去機能が一般の米より強い「朝紫」「おくのむらさき」等の紫黒米、「ベニロマン」「紅衣」等の色素米など、様々な新品種が育成され、作付が進められてきている。

　これまでも米の品種には多様性があったが、市場に出回る品種となると**生産ロット**[17]が大きく、出荷量が多い「コシヒカリ」などの特定の品種が大きな割合を占める状況が続いてきた。しかし、近年では、飼料用米を含めた小ロットの多様な品種が増加してきている状況がある。これは、消費者ニーズを反映した米市場の動向が**ニッチ需要**[18]を喚起している結果とみることができよう。この点では、本章で取り上げる大嶋農場についても例外ではなく、それらの需要に対応する種子生産に対応する経営努力が進められてきているものと考えられる。

3．茨城県筑西市の地域・農業の概況

1）筑西市の地域概況と産業

　大嶋農場の所在地である茨城県筑西市は、茨城県西部、筑波山の西方に位置し、2005 年に下館市、関城町、明野町、協和町の 1 市 3 町が合併して誕生した市であり、面積は 205.3km² である。交通は東西に JR 水戸線が走り、小山駅から東北新幹線を利用すると東京駅までは 1 時間 15 分程度とアクセスが良い。また、下館

表 1 - 1　筑西市の産業構造

（単位：％）

	第 1 次産業	第 2 次産業	第 3 次産業
全国	3.5	23.7	72.8
茨城県	5.2	28.8	66.0
筑西市	**7.5**	**35.1**	57.4

出所：2020 年国勢調査

16）：低アミロース米はアミロースという成分が少ない品種で、冷めてもおいしいとされており、お弁当やおにぎりに適している。アミロースの割合が少ないと粘りが強いご飯になり、逆にアミロースの割合が多いと粘りが少ないご飯になる。（農研機構ホームページ）
17）：生産ロットとは生産や出荷の単位としての、同一製品の集まり、出荷数量の最小単位。（広辞苑）
18）：「ニッチ」は「隙間」を表す言葉であり、市場の一部を構成する特定のニーズ（客層）を対象とした規模の小さい市場のことを指す。

駅を起点として関東鉄道常総線、真岡鐵道真岡線が南北にそれぞれ営業しており、交通の結節点ともなっている。気象条件は、関東平野の北部に位置するため、太平洋側気候の農業に適した穏やかな気候である。

　2020年国勢調査によると市の総人口は100,753人であり、うち生産年齢人口が56,749人、総世帯数は37,491世帯となっている。産業は第1次産業（7.5％）および第2次産業（35.1％）の層が厚く、全国平均の割合をそれぞれ3.9ポイント、11.4ポイント超えている（**表1−1**）。第2次産業の内訳を確認すると、製造業の割合が27.2％と高いことがわかる。筑西市の製造業の作業分類細目別の詳細を**表1−2**で確認すると、プラスチック製品、食料品、生産用機械、金属製品、窯業・土石製品の製造品出荷額が高く、多様な産業が形成されていることがわかる。

2）筑西市の地域農業の概要

　筑西市は平地農業地域に分類されており、2020年**農林業センサス**[19]の農業経営体数は2,220経営体、うち

表1−2　筑西市の製造業の詳細（製造業上位5分類）

（単位：事業所、人、百万円）

区分	事業所数	従業者数	製造品出荷額	粗付加価値額
製造業計	268	14,200	484,329	184,454
プラスチック製品	28	2,987	174,971	71,142
食料品	31	2,407	60,671	17,426
生産用機械	22	2,087	59,375	24,103
金属製品	70	1,862	38,137	17,188
窯業・土石製品	19	738	32,428	11,682

出所：2021年経済センサス〔活動調査〕製造業−市区町村別統計表（産業中分類）

表1−3　2020年における筑西市の作目別経営体数

（単位：経営体、％、百万円）

作目	作付・栽培実経営体数	作目別経営体割合	（参考）JA北つくば 取扱高（2022年度）
稲	1,858	87.3	2,793
麦類	192	9.0	290
雑穀	85	4.0	34
豆類	100	4.7	174
工芸農作物	19	0.9	1
野菜類	623	29.3	6,428
果樹類	205	9.6	2,971
花き類・花木	58	2.7	131
その他	282	13.3	1,462
筑西市計	2,128	100.0	14,284

出所：2020年農林業センサス、JA北つくば「ディスクロージャー2023」
注：1）JAつくば取扱高は受託販売品と買取販売品の合計額である。
　　2）作付・栽培実経営体数は、複数作物を作付・栽培している経営体が存在するため、各作目の合計値が筑西市計（2,128経営体）と一致しない。また、作物の作付を行わない農業経営体が存在するため、農業経営体数計（2,220経営体）とも一致しない。

19）：農林業センサスは統計法に規定された基幹統計調査の一つであり、農林業の生産構造や就業構造、農山村地域における土地資源など農林業・農山村の基本構造の実態とその変化を明らかにするために、5年ごとに実施される統計調査である。

法人が53経営体、会社法人が34経営体であり、個人経営体は2,163経営体となっている。農業生産は野菜、果樹、稲作などが盛んである。また、センサスの作目別作付・栽培実経営体数のデータ**（表1－3）**をみると、稲作が1,858経営体（87.3％）と圧倒的に多く、野菜類623経営体（29.3％）、果樹類205経営体（9.6％）の順となっているが、参考に示したJA北つくば（筑西市のほか隣接する結城市、桜川市が管轄範囲）の取扱高をみると、野菜の取扱高が6,428百万円と作目別でトップとなっており、果樹2,971百万円、稲作2,793百万円が続く。稲作は規模拡大が進みつつあるものの販売額規模の小さな農家が多い反面、野菜作は集約的な高販売額の経営が多く形成されていることが窺える。

3）農地の集積と担い手の状況

　農地の状況については**図1－5**に示した。経営耕地面積は2005年に9,130haであったものが2015年には9,487haへと若干増加したが、2020年センサスではそれまでの傾向と変わり8,223haへと面積

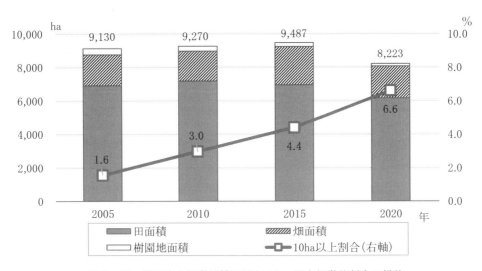

図1－5　筑西市の経営耕地面積と10ha以上経営体割合の推移

出所：農林業センサス各年版、農業経営体ベース

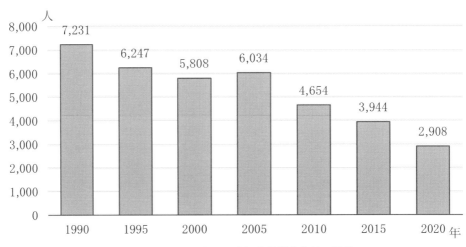

図1－6　筑西市の基幹的農業従事者数の推移

出所：農林業センサス各年版。
注：2015年までは販売農家ベース、2020年は個人経営体ベース

が大幅に減少した。しかしこの間、2005年に1.6％に過ぎなかった10ha以上経営の割合は順調に拡大してきており、2020年には6.6％に達した。

　一方、担い手の状況として、**基幹的農業従事者**数[20]の推移を**図1－6**に示した。1990年に7,231人を数えた基幹的農業従事者数は、急減を続けており、2020年には2,908人にまで減少した。これらの数字には法人の経営者や従業員等は含まれないため、必ずしも筑西市の農業の全体像とはいえないものの、個別経営農家における担い手の状況は大変厳しいといえよう。

4．大嶋農場の発展過程と経営概況

1）大嶋農場の沿革と経営概要

　株式会社大嶋農場は、茨城県筑西市で稲作経営を行う**農地所有適格法人**[21]である。経営の沿革は**表1－4**

表1－4　大嶋農場の沿革

年月	主な出来事	経営展開の方向性・規模等
1981年4月	大嶋康司氏就農	水稲約4.2ha、ブロイラー約8万羽
2000年	大嶋康司氏が経営継承 ミルキークイーンの生産を開始	コシヒカリ一辺倒からの脱却
2000年12月	有限会社大嶋農産を設立 農研機構と種子の利用許諾契約締結	種子生産の開始
2001年1月	堆肥舎等の建設	全圃場堆肥のみでの生産を開始 商品パッケージを刷新
2001年8月	有機JASの認証取得	有機JASの認証：水稲1.2ha
2002年8月	茨城県特別栽培認証取得	沖縄の「雪塩」、かつお節エキス等の活用開始
2005年6月	玄米の登録検査機関	流通部門（集荷販売）を展開
2008年6月	「百笑米」の商標登録	ブライドの強化（現在、15の商標登録）
2010年	「食と農」の博物館のコマーシャルボックスへの展示開始	消費者向けのプロモーションを強化
2010年12月	株式会社大嶋農場に商号変更	
2012年4月	酒米の生産開始	多品種栽培の強化
2012年6月	六次産業化法の総合化計画認定	加工部門への進出
2012年11月	加工施設の完成	自社のコメを使用した、みそ・米糀等の生産開始
2015年11月	酒販免許の取得	古酒等の販売を開始
2016年4月	田んぼオーナー制度	消費者との強固なつながりを構築
2017年7月	クラウドファンディング風日本酒づくり	
2018年4月	種籾実需との販売契約	
2021年4月	大手中食チェーン向け共同米販売開始	稲作生産者と連携した販路拡大（2023年産で約500ｔ販売見込み）
2022年12月	東京農大経営者大賞受賞	

出所：大嶋農場提供資料および筆者のヒアリング調査による

20)：「基幹的農業従事者」とは、ふだん仕事として主に自営農業に従事している者をいう。統計上の農業の担い手を表す概念として多用される。
21)：農地所有適格法人は、農地を所有できる法人格の名称である。2015年の農地法改正以前は、「農業生産法人」という名称であった。

に示したとおりであるが、代表取締役の大嶋康司氏は、1981年に東京農業大学を卒業と同時に、個人経営であった家業の農業に就農した。その後、2000年12月に「有限会社大嶋農産」を設立の上、代表取締役に就任している。企業形態は2010年に株式会社に変更され、その際に商号を「株式会社大嶋農場」に改めた。

大嶋康司氏の就農当時は、水田約42haとブロイラー約8万羽の生産・飼養を行っており、米の生産品種はコシヒカリのみであったが、その後、地域の農地を積極的に集積し、現在の水田約30ha規模（2023年）へと拡大してきた。ブロイラー生産は2017年まで同規模で生産を継続していたが、鶏インフルエンザの全国的な流行による経営リスクが高まったことに加え従業員に都会出身者が増え、飼養継続に困難を感じたため、部門を廃止した。

2）作目（品種）の変化と経営規模の変遷

法人設立以前の大嶋農場では、コシヒカリ等中心に食用米を生産し、地元の米卸へ販売する経営を行っていた。しかし、茨城県産のコシヒカリは新潟県産などのブランド米に比べ差別化が難しい傾向にあったため、今後、価格競争に迫られることを危惧し、2000年当時、新たな品種として注目されていた「ミルキークイーン」の生産を開始した。

新品種を作付けするにあたっては、種子を購入する必要があるが、当時種子を購入した業者の**種籾（たねもみ）**[22]は無選別で、麦等が混在する低品質のものであり、発芽率のばらつきなどに苦労した。そこで

写真1-2　多品種生産のため圃場毎に稲の色に違いが生じる

出所：筆者撮影

22）：稲栽培のため発芽のもととするもみ状態の種のことを指す。中身の詰まった良質の種籾を選ぶためには、塩水につける「塩水選（えんすいせん）」による選別などを行うことがある。

康司氏は、生産の安定化のためには種子の品質確保が欠かせないことを再認識することとなった。そして、ミルキークイーンの安定生産を図るため、原種を有するつくば市の農研機構に良質な種子の提供を相談した。しかし、当時は法人格のない**家族経営農家**[23]であったため、十分な支援が得られず、そのこともあって円滑な利用許諾契約締結や今後の経営展開を見据えた法人化を決意することとなった。

　また、この経験から品質の安定した種子用米には潜在的なニーズがあることを認識し、2001年より

ミルキークイーンの種子用米の生産を開始することとなった。その後、全国的に米の品種改良が進み、多種多様な品種が誕生する中、大嶋農場では、現在、約20haの面積で種子用米を生産・販売する体制を確立した（**表1−5**）。

　一方で、大嶋農場では、2008年に康司氏のネーミング発案を商標登録した「百笑米」ブランドのもと、ミルキークイーン等を中心とした食用米の生産も経営のもう一つの柱として継続している。食用米については、他社との**製品差別化**[24]を図るため、有機栽培などの栽培方法の試行を行っているほか、寿司やカレーなどの料理用途に応じて食味をアレンジした専用米として「寿司米」や「咖喱米（カレー米）」の

写真1−3　大嶋農場のカレー米・寿司米商品

出所：大嶋農場ホームページより引用

表1−5　経営規模と栽培品種（2023年度）

（単位：ha）

経営規模	面積	部門別生産・販売	面積等
水田	約30	有機ＪＡＳ	約6
うち自作地	9.4	県特別栽培米	約7
		種子用米	約20
		流通部門 （2023年度見込み）	約420 t （約500 t）
主な栽培品種	面積	用途	
ミルキークイーン	5.3	食用、種子用	
にじのきらめき	4.4	種子用	
オオナリ	1.8	種子用	
朝紫	1.8	食用、種子用	
笑みたわわ	1.3	種子用	
ゆみあずさ	1.3	種子用	
山田錦	1.3	加工用（酒米）、種子用	
渡船	0.5	加工用（酒米）	
北陸193号	0.4	種子用	
その他（約53品種）	約12	食用、種子用、加工用、鑑賞用　等	

出所：大嶋農場提供資料および筆者のヒアリング調査による

23）：主として血縁家族より構成される農業経営のこと。⇔組織経営。

24）：商品の品質や機能、デザイン、サービスなど、価格以外の部分に何らかの特徴をもたせることで、他社製品との違いをアピールする戦略を指す。

商品名で生産を行い、独自のブランド化を行っている。

　さらに、販売面は、2021年より販路の多角化にも乗り出しており、他の稲作経営者と連携して、大手中食チェーンへの業務用米の販売を実施している。これまでの販売実績は2021年度で360トン、2022年産で420トンであり、2023年産では約500トンに達することが見込まれるなど、今後とも拡大を精力的に進める意向である。

　このように米の種子用米および食用米の多様な品種の米生産を手がける大嶋農場であるが、その規模の変遷過程を**図1−7**にまとめた。大嶋康司氏が就農した1981年当時に4.2haであった経営規模は、1993年頃6.0haに拡大し、2005年には10.5ha、2013年16.0ha、2020年25.0ha、2022年30.0haと順調に拡大し、2024年には35haに達することが見込まれている。現在の生産体制から規模拡大の限界は概ね40haと康司氏は考えており、今後、地域からの余剰農地が集積してくる状態になったとしても、生産品質を保持する観点から50haを超えての規模拡大は絶対に避けたいとのことであった。現在の種子用米および主食用米の販売先の割合は**表1−6**に整理した。種子用米については、集荷業者等の米卸に40％を販売しているものの、農協への販売も30％とかなりの割合を占める。その他一般農家への販売が27％あり、特殊用途の受注生産も3％とわずかだが存在している。一方、主食用米については、米屋（小売）が40％、直売所や道の駅が25％の割合が高いほかは有機米専門の米卸にも10％ほどの販売が行われている。

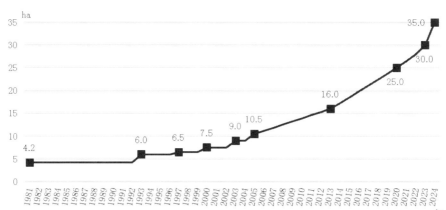

図1−7　大嶋農場の経営耕地面積の変遷

出所：筆者のヒアリング調査による　　　　　　　　　　（単位：％）

表1−6　主食用米の販売先割合

区分	年齢	割合
種子	集荷業者等を含む米卸	40
	農協	30
	一般農家	27
	受注生産	3
主食用米	米屋	40
	直売所、道の駅	25
	一般消費者	20
	有機米専門卸	10
	百貨店	5

出所：筆者のヒアリング調査による
注：割合は重量ベース

3）労働力と設備

　大嶋農場は、代表取締役の大嶋康司氏をはじめ、加工部門や経理・管理を担当する取締役の大嶋美智子氏（康司氏の配偶者）の役員 2 名体制となっている。役員以外には、約 13 年前より勤務している農場長（37 才）をはじめ、証券会社に勤務していた後継者（31 才）と従業員 2 名（23 才、21 才）の比較的若手の県内外出身者が勤務している（**表 1 － 7**）。この他、農繁期には**代掻き**[25]や除草作業等でパートを雇用することで対応している。

　主な設備は、**表 1 － 8** の通りである。特徴としては、**自脱型コンバイン**[26]と乾燥機の台数が経営規模の割に多いことが挙げられる。大嶋農場では、種子用の 62 品種にも上る品種を生産していることから、米の**コンタミネーション**[27]を発生させないために、コンバインの適時の使い分けと収穫を行うたびに実施する徹底した機械洗浄が必須である。通常の平場で圃場条件の良い 30ha 規模の稲作経営であれば、品種構成によるもののコンバインは 1 ～ 2 台程度と考えられるが、大嶋農場では、品種ごとに精密に管

表 1 － 7　役員・従業員の構成

区分	年齢	性別	役割分担	経歴等
代表取締役　大嶋康司氏	64 才	男性	生産・販売	会社設立者
取締役　大嶋美智子氏	62 才	女性	加工、経理等	代表の配偶者
農場長	37 才	男性	生産・販売	大学卒
後継者（次男）	31 才	男性	生産・販売・経理等	大学卒
従業員	23 才	男性	生産・販売	大学卒
従業員	21 才	男性	生産・販売	高校卒

出所：大嶋農場提供資料および筆者のヒアリング調査による

表 1 － 8　大嶋農場の主な設備

（単位：棟、台）

区分		数量	仕様
設備	作業小屋	2	
	ライスセンター	1	
機械	トラクター	4	98・75・66・42 馬力
	田植機	1	8 条
	コンバイン	4	115・100・85・50 馬力
	乾燥機	5	40 石 × 3 台、32 石 × 2 台
	平型乾燥機	1	畳 2 枚の大きさ
	色彩選別機	2	玄米、籾米用

出所：大嶋農場提供資料および筆者のヒアリング調査による

25)：田の耕起（荒起こし）を行った後、水を入れ土の塊を細かく砕き水平にならす作業のこと。耕盤の水漏れを防ぐ（水持ちを良くする）目的で行われる。
26)：コンバインとは、一台で刈取・脱穀・選別の機能をもった農業機械のこと。刈取機（バインダー）と脱穀機を組み合わせた収穫機械で、Combine harvester ともいう。自脱型と普通型があり、自脱型は稲・麦専用に作られた機械で、刈り取った稲の穂先だけが脱穀機を通過して脱穀・選別される仕組みを持つ。
27)：コンタミネーションとは、「混入」を意味しており、「コンタミ」という略称で呼ばれることがある。稲作経営におけるコンタミは、異品種の混入を意味している。特に大嶋農場のような種子用米を生産・販売する場合には、種の品質を保つために異なる品種が混入することは避ける必要がある。

理された作業が必要なため、115ps、100ps、85ps、50ps の 4 台のコンバインを稼働させ対応している。

また、自社**ライスセンター**[28]に設置された乾燥機についても、その台数は通常より多い。それぞれの品種ごとの生産量は多くないが、その種類が多いため、小ロット米の乾燥を効率よく行う必要から、多くの乾燥機を同時稼働しなければならない。特に収穫量の少ない希少品種の**乾燥・調製**[29]に対応するため、小形の**平型乾燥機**[30]も 1 台活用している点は特徴である。

写真 1 - 4　自脱型 6 条コンバイン

出所：筆者撮影

写真 1 - 5　自社ライスセンターの乾燥機

出所：筆者撮影

---

28)：穀物乾燥調製施設ともいう。コンバインで収穫した生籾（もみ）を受け入れて，乾燥，もみすり，精選して玄米とし，包装するまでの一貫作業を行う施設のこと。大嶋農場では自社でライスセンターを保有している。

29)：生籾を 3 時間以上炎天下に放置すると品質が低下することから，収穫後の籾は速やかに乾燥作業を始める必要がある。乾燥・調製作業とは，玄米水分率 14.5％〜 15.0％まで「乾燥」させる作業と「籾摺り」を行う作業のことを指す。乾燥・調製作業を終えると籾は玄米になる。

30)：籾を張り込む箱の底部が金網などになっており，下部から温風で熱して穀物を乾燥させる機械。立型大型乾燥機が循環機能を備えているのに対して，小規模な平形乾燥機は攪拌機能がないため，乾燥ムラをなくすため手作業で攪拌をする必要がある。

5．大嶋農場の経営成長とその要因

1）米生産の特徴

　通常の栽培・出荷を行う食用米生産経営で生産される米の品種数は、経営体や地域によって異なるが、小針（2020）の事例からも多くて10品種程度である。一般の稲作経営にとって、栽培品種の数を増やすことのメリットは、作業適期が分散することによる設備・機械等の有効活用を進めることによって、生産コストの削減につながる可能性が高い点である。しかし反面、作業工程が複雑化することに加え、一般稲作経営であっても異なる品種が収穫、乾燥・調整などの際のコンタミネーションに注意を要る点はデメリットでもある。

　この点、大嶋農場は様々な種子需要に対応する必要から、前述の通り62品種もの品種を栽培している。コンタミネーション防止は、種子の品質を維持するためにも特に細心の注意を要する重要管理項目となっている。育苗、田植え、収穫、乾燥・調製の各工程において、混在防止の管理や清掃等を徹底することが求められるのである。

　また、大嶋農場では、多品種の生産にあたって、消費者等のニーズを踏まえた上で、同業他社による生産の少ない品種の種子用米や食用米を生産することで、生産者としての価格決定権を保持することを意識している。例えば、腎臓等に持病のある者が食べやすい「LGC ソフト」や「エルシージー潤」などの**低グルテリン米**[31]や長粒種でカレーやチャーハンなどの料理に適した「咖喱米（カレー米）」といった希少な品種の生産・販売を通じて、消費者のニーズに対応する努力を続けている。

写真1－6　筑波山を背景に行われる耕起作業

出所：筆者撮影

31）：低グルテリン米は、お米に含まれるタンパク質のうち、身体に吸収されやすい易消化性タンパク質（グルテリン）の含量が低いという
　　　特性をもった品種のことである。

（1）種子用米の生産

　種子用米は、食用米と比較して高単価で取引されるものの、その生産は前述の通り高度な栽培・管理技術が必要とされる。**表1-9**に示したように、栽培にあたっては食用米とは異なる留意すべきポイントがある。種子用米の品質を高めるためには、台風などの風水害による倒伏を防ぎ、籾数を抑えて、登熟を高めることが求められる。また、品種の「純度」を保つためにも、栽培中に**異型株**の抜き取りを徹底する必要がある。

　特に異型株については、株に特徴が現れる時期に目視により確認することが必要となる。大嶋農場では、一般の主食用米経営よりも、圃場の巡回頻度を多くし、異型株の発見と抜き取り作業を徹底している。稲の**稈長**や葉や穂の色には特に注意を払い、高さが揃っていないような場合には、「疑わしきは全て抜く」という考え方で対応し、種子用米の品質維持に努めている。

　このほか、大嶋農場では、品種ごとの作業記録を作成したり、原種の種籾を入れるネットの色を区別し、育苗・田植は品種ごとに分けて実施するなど異種が混ざらない管理を行っている。特に乾燥・調製の作業においては、それぞれの品種ごとの収穫作業後、コンバインを徹底的に分解した上で、十分な時間をかけて清掃し、再び組み立て作業を行うことで、異種の混入を避ける取組を行っている。この清掃工程には、1台あたり6～7時間をかけるという徹底ぶりである。

　また、一部の品種については、種籾の品質を保つため、収穫後の籾の段階で大豆や小豆用の**色彩選別機**を使用し、異物や雑草の種等を排除する取組を行っている。

　さらに、大嶋農場では、第三者機関による、DNA鑑定及び**発芽試験**等を実施し、科学的根拠に基づいた種子用米の品質保証を行っている。

　以上のように、種子用米は通常の食用米よりもより細かな栽培管理技術が求められるため、種子用米の生産者は減少傾向にある。そうした中、大嶋農場は、異種の混入を徹底的に排除した栽培・管理を行うことで、高品質な種子用米を販売できる他社には真似のできない生産体制を構築している。

表1-9　種子用米の栽培のポイント

（1）商品となる種子の条件	（2）栽培管理の留意点
①異品種・異種の混入がない	①各作業時には、品種を間違わないように十分注意する
②発芽率が高い（90％以上）	②異型株の抜き取りは必ず行う
③充実がよい（粒が大きい）	③肥料窒素は控えめに施用する
④品種固有の色をしている	④病害虫防除を徹底する
⑤水分が適正である	⑤機械・施設は、品種が替わるごとに必ず掃除する
⑥病害虫に侵されていない	⑥高水分籾は収穫しない
⑦損傷を受けていない	⑦籾は高温乾燥しない
	⑧乾燥後は、湿度・温度の高いところで保管しない
	⑨作業記録と確認作業で混種を防止する

出所：千葉県・千葉県農林水産技術会議（2023）「水稲の採種栽培（第4版）」より抜粋

32）：異型株とは、外見や遺伝系統の他と異なる「異型」の植物体のことをいう。
33）：稲の茎のことを「稈（かん）」と言い、茎の長さのことを「稈長（かんちょう）」と言う。稲の種類（品種）により茎の長さが異なるため、異型株を見分ける重要な判断材料の一つとなる。
34）：色彩選別機とは、収穫した米の一粒一粒についてCCDカメラ等を用いて監視し、良品・不良品・異物を選別・除去する機械のこと。高速で流れる穀粒群に異物を発見すると、異物のみエア噴射ノズルで除去することができる。
35）：種子の発芽の良否を判定するための試験のこと。種苗法では、農林水産省の指定する種子の頒布に当たって、種子の包装に発芽試験の成績を表示することが種苗業者に義務づけられている。

（2）稲作経営者のグループ結成による業務用米の契約販売

　近年、主食用米全体の需要が減少する中、業務用米の需要とのミスマッチが生じていることについては本章冒頭で触れたが、大嶋農場が中心となって関東近県の稲作経営者がグループを結成し、大手中食チェーンとの複数年契約による米の販売を開始している。この取組は、持続可能な生産体制を構築するため、**再生産価格**[36]を提示した上で、市場価格に左右されない中長期を見据えた経営を行うことを目指すものである。

　この取組は、過去につながりのあった米卸から、大手中食チェーンが米の安定調達のニーズを有していることを相談されたことがきっかけとなった。この大手中食チェーンへの販売を行うためには、ある程度の大きな生産ロットが求められたことから、大嶋農場が中心となり、関東近県の稲作経営者のグループが形成されることとなった。この稲作経営者のグループは、茨城県だけでなく、福島県や栃木県、埼玉県、千葉県で以前から大嶋農場と面識があった経営者約15名で構成されている。大手中食チェーンへの総販売量のうち、大嶋農場以外の他の稲作経営からの販売分が大半となっており、大嶋農場は参加している稲作経営から米を一度買い取り、米卸に販売する集荷・決済機能を担うことを主な役割としている。この大手中食チェーンからは、現在、取引の拡大が打診されており、今後も**B to B**[37]の実需に応じた生産・販売を強化し、グループとして持続可能な経営環境の構築を図ることを目指している。

2）組織体制と労務・人事管理の特徴

（1）組織体制・人材育成の特徴

　大嶋農場では、生産性の向上を図ることを目的として、農業に対する知識を有する農学系出身の大学生を積極的に採用している。現在の農場長として活躍する管理職の人材は2010年頃、**新・農業人フェア**[38]に出展した際に面談し、採用に至った。現在は、この農場長を中心に、効率的な作業スケジュールの立案と実行の指揮が取られる体制となっている。例えば、種子のコンタミネーション等を予防するため、従業員同士の経験等を共有し、コンバインの清掃作業の十分な時間の確保や精度を高める取組が行われている。従業員の特性・技能に応じた適材適所の運営体制を敷きつつも、人材育成段階においては生産や加工などの全部門に関わらせることで、部門間の隔たりを無くし、全体を俯瞰しながら行動できる人材の育成に努めている。

（2）労務・人事管理の特徴

　福利厚生の面では、**企業型確定拠出年金**[39]の導入や社内の親睦を深めるための社員旅行等を実施す

36）：農畜産物の生産に係った総生産コストに基づく取引価格のことである。農業経営者が農畜産物を作り続けるために必要な最低限の価格といえる。

37）：Business to Business の略語であり、企業間取引を意味している。企業が企業に向けて商品やサービスを提供する取引を指している。「ビートゥービー」「ビーツービー」と読まれる。一方、企業が個人に対して商品・サービスを提供する取引のことをB to C（Business to Consumer）という。

38）：「新・農業人フェア」は、東京や大阪などの都市部で開催されている就農相談会のことである。従業員等を求人している農業法人等や就農支援をしている機関が出展し、今後、仕事として農業に関わりたいと考えている者が訪れる相談会が開催されている。

39）：企業が毎月、従業員の年金口座に掛金を積み立て（拠出し）、従業員が自ら運用する制度である。国が管理・運営する公的年金（国民年金や厚生年金など）に上乗せして、企業や個人が任意で加入できる「私的年金」であり、運用した年金資産は、定年退職を迎える60歳以降に一時金（退職金）もしくは年金の形式で公的年金とは別に受け取ることができる。

るなど、従業員の職務満足度を高める取組を実践している。

　さらに、労務管理面では、熱中症対策と作業効率の向上の観点から、夏季の勤務時間を 5 〜 12 時とするサマータイムを導入している。その結果として、従業員は午後に自由時間を確保することができ、**QOL**[40] の向上が図られるなどの効果が発揮されている。

3）同業他社との比較による財務的特徴

　ところで、企業の経営状態は、企業の決算書類等の財務情報を分析することで、明らかにすることが可能となる。財務分析を行う際には、業種や営農類型によって経営指標が異なることを踏まえ、同業他社と比較した分析を行うことが必要となる。本節では、同業他社と比較した、大嶋農場の財務的特徴を示す。なお、紙幅の関係上、本稿では、財務分析のうち、代表的な収益性分析と安全性分析にとくに焦点を当てて解説したい[注1]。

　なお、安達（2013）は、同業他社比較に使用する経営指標で最も優れているものとして、日本政策金融公庫の「農業経営動向分析結果」を挙げている。そのため、本章では、同資料の最新版である、日本政策金融公庫（2022）を参照しながら同業他社比較を実施してみたい。

（1）収益性分析の結果
　企業の基本的な目的は利益の追求であり、安定した利益を確保しなければ、企業の存続や発展することはできない。この利益を図るものとして、比率による経営指標が使用されることが多い。この経営指標を分析する際、大きく分けて、売上高利益率（利益率）と資本利益率（回転率・期間）の双方の財務分析を行うことが必要となる。

　大嶋農場の収益性分析（**表1−10上段**）をみると、利益率は多くの項目で同業他社を上回るかまたは同程度の水準を達成している。一方で、回転率・期間については、**棚卸資産回転期間**[41]が同業他社と比較して長期化しており、大嶋農場の**固定資産回転率**[42]は、同業他社と同程度となっていることがわかる。

（2）安全性分析の結果
　企業は、各種の源泉より資本を調達・運用する経営活動を行っている。資本には、出資者からの資本金、経営活動による自己資金（内部金融）、金融機関等からの借入や**社債**[43]など、多様な源泉が存在するが、企業は様々な経営環境を踏まえ、経営者の意思決定により資金の調達先を判断することとなる。企業は、調達された資金を活用して資材を仕入、人件費の支払い、農産物等の製品を生産・販売する運用を行っている。経営の安定化を実現するためには、この資本の調達と運用の適合性を維持す

40）：QOL とは、「Quality of Life」の略で、「人生の質」や「生活の質」のこととされる。従業員の労働環境や健康維持といった点で、近年注目されている。

41）：棚卸資産が仕入れてから販売するまでにかかる平均期間（月数や日数）のことである。棚卸資産回転期間が短いほど、在庫管理や資金繰りが効率的であることを示している。なお、棚卸資産回転期間は、「棚卸資産（平均）÷月商」で求めることができる。

42）：保有している固定資産からどれだけ効率的に売上高を生み出しているかを測定する指標である。なお、固定資産回転率は、「売上高÷固定資産」で求めることができる。例えば、稲作法人（20 〜 30ha 規模）は 1.2 回であるのに対し、露地野菜法人は 1.7 回、肉用牛肥育法人は 3.0 回（日本政策金融公庫（2022））であるなど、業種・生産品目によって指標となる数値（回転率）が異なる傾向にある。

43）：企業が資金調達のために発行する債券のことで、企業から見ると借入金であり、社債の所有者から見ると貸付金となる。一般的に社債は無担保で、利息を半年ごとに支払い、元本は償還日に一括して返済する方法である点が、通常の借入金とは異なる点といえる。

ることが必要であり、その適合性の程度を示すものが安全性とされる。

　大嶋農場の安全性分析の結果（**表1－10下段**）をみると、多くの項目で同業他社と同程度の水準を維持している。また、長期的な安全性を図る指標である自己資本比率に着目すると大嶋農場は同業他社と比較して高い水準であることがわかる。

4）財務分析を踏まえた更なる経営成長に向けた論点

　以上、大嶋農場の収益性分析と安全性分析について、同業他社と比較した結果を示したが、最後に、両分析結果を踏まえ、大嶋農場の財務的特徴と今後の経営成長に向けた論点を整理する。

　まず、収益性に関しては、同業他社と比較して高い実績を有することが明らかとなった。これは、種子用米や多品種生産を行うことで、同業他社と差別化に成功し、高い収益性を確保することにつながっていることを示している。

　一方で、回転率・期間では、棚卸資産回転期間が同業他社より長期化している。これは、種子用米が収穫から販売まで一定の期間がかかること、集荷した米の大手中食チェーンへの販売を行っていることで、一般的な稲作経営（法人）と比較して棚卸資産を多く抱えていることが理由として考えられる。今後、在庫リスク等を軽減させるための**回収サイトの短縮**[44]などの販売戦略も検討することも1つの

表1－10　大嶋農場の財務分析（同業他社比較）

分析カテゴリ		分析指標		大嶋農場 （R4/10）	同業他社	比較基準
収益性 分析	利益率	総資本経常利益率	（経常利益÷総資産）	◎	3.3%	a
		自己資本経常利益率	（経常利益÷純資産）	◎	15.5%	a
		売上高総利益率	（売上総利益÷売上高）	◎	16.6%	a
		売上高営業利益率	（営業利益÷売上高）	◎	-13.0%	a
		売上高経常利益率	（経常利益÷売上高）	○	4.6%	a
		売上高当期純利益率	（当期純利益÷売上高）	同程度	4.0%	a
	回転率 ・期間	総資本回転率	（売上高÷総資産）	◎	0.7 回	b
		固定資産回転率	（売上高÷固定資産）	同程度	1.2 回	b
		棚卸資産回転期間	（棚卸資産（平均）÷（月商））	▲	0.7 月	b
安全性分析		当座比率	（当座資産÷流動負債）	同程度	143.1%	c
		流動比率	（流動資産÷流動負債）	同程度	220.0%	c
		自己資本比率	（純資産÷総資産）	○	21.1%	a
		借入金依存度	（借入金÷総資産）	同程度	55.7%	c
		借入金支払利息率	（支払利息÷総借入）	同程度	0.5%	a

出所：大嶋農場提供資料、日本政策金融公庫（2022）より作成
注：同業他社は、日本政策金融公庫（2022）より、大嶋農場と同規模の「20〜30ha」の稲作法人の数値を使用した。比較基準は同業他社と比較し、優れている（高い・低い）
　かどうかという観点からそれぞれ、以下の範囲内での比較結果を表している。
　a：「◎＝同業他社より +10ポイント以上」、「○＝同 +5〜10ポイント未満」、「同程度＝同 -5〜+5ポイント」
　b：「◎＝同業他社より +10回転・1月以上」、「同程度＝同 -0.5回転・6月〜+0.5回転・6月」、「▲＝同 -0.5・6月以下」
　c：「同程度＝▲50〜+50ポイント」

44）：売掛金等が入金されるまでの期間を短くすることである。期間を短くすることで、現預金を多く保有することができるなど、資金繰りが改善し、黒字倒産のリスクが減るという効果が見込まれる。

方法だと思われる。ただし、**当座比率**[45]と**流動比率**[46]が同業他社と同程度（100％超）に維持されており、資金繰りなど短期的な安全性の面では大きな問題が生じていないことがわかる。このことから、値下げ等による販売条件の悪化を行わない程度の回収サイトの短縮の交渉等を行うことも論点となると考えられる。

また、利益率が高い中で、固定資産回転率は同業他社と同水準であった。これは、多品種生産を行う中で、コンバインなどの農業機械や乾燥機等の乾燥・調製に係る固定資産を多く有していることが理由として考えられる。ただし、固定資産回転率は同業他社と同水準であるが、乾燥機等は既に**法定耐用年数**[47]を超過しているものが多い。今後、固定資産回転率の数値を悪化させないためにも、乾燥機等の更新投資を計画的に実施することが課題点の一つといえる。

一方で、安全性は、同業他社と同水準であるものの更なる経営発展のためには、今後改善を図ることが望ましい。この安全性を改善するための方法として、**借入金の長短バランス**[48]を検討することも一つの方法である。現状では、本来、短期借入金で調達するべき運転資金について、一部を長期借入金で調達していることが財務諸表の数値から伺える。今後、販売先との回収サイトの短縮交渉と合わせ、短期借入金の適切な借入を軸とした借入金の長短バランスの補正等を検討することも論点といえる。

なお、大嶋農場の自己資本比率は同業他社と比較して高い。大嶋農場の資本金は取締役からの出資金のみであることから、これまでの利益の成果である**利益剰余金**[49]が積み上げられていることが自己資本比率を高める要因となったことが考えられる。これは、大嶋農場が中長期的に安定的な利益を確保してきた結果ともいえる。

ただし、自己資本比率（＝純資産の蓄積）の高さは、株価を引き上げる要因ともなりうる。株価の算定方法はいくつかの手法が存在しているが、簡易な方法として、「純資産額÷発行済み株式総数」で株価が計算される。このため、純資産額が大きくなると、株価が高額になり、親族などの後継者に相続する際に、相続税などの負担が大きくなる可能性が生じる。現在の大嶋農場の株主は、取締役2名であり、親族の後継者は株式を保有していない。今後、複数年にわたって、現在の取締役が保有している株式を親族の後継者に少しずつ贈与するなど、計画的に税務面の負担軽減策を検討することも必要といえる。

なお、現在の税制において、**法人版事業承継税制**[50]が措置されているが、**特例承継計画**[51]の提出期限

45）：企業の財務状況の安全性を示す指標の一つであり、短期的な債務返済能力を判断する指標である。なお、当座比率は、「当座資産÷流動負債」で求めることができる。このうち、当座資産は、現金や売掛金など、すぐに現金化可能な資産のこと、流動負債は、1年以内に支払わなければならない債務のことである。

46）：当座比率よりも広い範囲の資産である、棚卸資産や前払金などを考慮した、企業の財務状況の安全性を示す指標の一つである。なお、流動比率は、「流動資産÷流動負債」で求めることができる。

47）：法令で定めた、建物や機械などの減価償却資産の使用可能期間（年数）のことである。法定耐用年数は、資産の種類、構造、用途ごとに細かく分類されており、乾燥機などの農業機械の場合は7年に設定されている。なお、実際の耐久年数（使用可能な年数）は機械の種類や保存・整備状況によって異なっており、法定耐用年数よりも長く使用することが可能な場合もある。

48）：企業等が金融機関から受ける融資のうち、短期借入金と長期借入金の割合のことである。一般的には、運転資金は短期借入金で調達し、設備資金は長期借入金で調達するのが適切とされるが、企業や金融機関の事情により、運転資金も長期借入金で調達されることが多く、その結果、長短バランスが崩れて資金繰りが悪化するケースがある。借入金の長短バランスを改善するためには、運転資金の必要額を正しく把握し、その分を短期借入金で適切に調達することが重要となる。

49）：企業（会社）が事業活動によって得た利益のうち、社内に留保している額のことを指している。利益剰余金が増えると、企業（会社）の財務体質が強化され信用力が高まり、金融機関や投資家からの融資や新株発行などが受けやすくなるなどの効果がある。

50）：中小企業の経営継承を促進するため、2018年度の税制改正（時限措置）により、非上場株式の納税猶予割合の引き上げる措置（80％→100％）が講じられている。

51）：法人版事業承継税制の特例措置を受けるために作成・提出が必要な書類である。特例継承計画は、株式等を承継するまでの期間における事業計画や後継者が株式等を承継した後の5年間の事業計画などを作成し、認定経営革新等支援機関（中小企業診断士や金融機関など国に認定された者）の指導及び助言を受けた上で、都道府県に提出することが必要となる。

や後継者要件として、「代表者で贈与の直前において3年以上役員であること」などがある。こうした中、大嶋農場の親族の後継者は、現在、役員（取締役）でないため、法人版事業承継税制を活用する場合には、親族の後継者を役員（取締役）とする必要が生じる。こうした制度を活用することをきっかけの一つとして、後継者への**経営継承**[52]も検討するべきタイミングといえる。

　経営継承に当たっては、税務面の問題をクリアするだけでは、十分とはいえない。農林水産省(2022)によれば、円滑な経営継承においては、「①経営継承の必要性の確認⇒②経営状況・資産の把握⇒③後継者の選定・育成⇒④経営継承計画の策定⇒⑤経営継承計画の実行⇒⑥継承後の伴走と経営発展」という段階を踏むことが必要とされる。大嶋農場では、親族の後継者が既に経営に参加しており、「③後継者の選定・育成」の段階を踏んでいることから、今後は、「④経営継承計画の策定」を検討するタイミングにあると考えられる。この「④経営継承計画の策定」の際には、現経営者と後継者、その他親族全員が経営継承に当たって合意した、「何を・いつまでに・どのように」後継者に継承するのかといった具体的なスケジュールを記した、経営継承計画を書面で策定することが有効である。こうした、経営継承計画を策定することで、経営継承において検討するべき事項の漏れを防ぐとともに、その策定プロセスで、現経営者と後継者が将来に向かった継続的な話し合いを行うきっかけともなる。前述の法人版事業承継税制の活用と併せて、具体的な経営継承計画の策定に着手することも検討するべき論点といえる。

6. まとめにかえて

　これまでみてきたとおり、大嶋農場の経営の特徴は、食用米の生産を行う一般の大規模稲作経営とは異なり、種子生産やミルキークイーンなどの特殊用途米の生産に焦点を当てて、独自の展開を果たしてきた点にある。そのきっかけの一つは、需要が傾向的に漸減する一般家庭向けの食用米生産に限界感を感じ取ったことにあり、新たなニーズを感知する先見の明が、これまでの経営展開の方向性を支えてきたといってよい。

　大嶋農場の生産する種子は、厳密な生産管理工程を経て生産されていることから、その品質の高さに定評があり、そのことが財務健全性を高めてきた大きな要因でもあった。不純物や異型株のコンタミネーションを防止する取組に多大な努力を払っていることは本章の解説の中で示したが、そうした生産工程を支えるためにも、大学卒などの経歴を持つ若い人材を積極的に採用し、細かいことに気を配ることのできる優秀な人材の育成に力を入れて来たことが、現下の経営の安定化につながる重要な礎となっているのである。

　また、最近になり関東近県の農業者との提携により実現した、大手中食チェーンに対する業務用米の販売は、今後の経営展開の方向性として期待の持てる取組である。一般家庭向けの食用米需要が漸減する中にあって、米消費における外食・中食のシェアのウエイトは今後とも高まっていく可能性があり、そういった点では、良質な種子生産をバックボーンとする大嶋農場が、良食味な多収米生産などの分野で業務用需要喚起の牽引役になっていく可能性も考えられる。

52）：農地や機械・設備等の有形資産とともに、技術・ノウハウ・人脈等の無形資産を次の世代に引き継いでいくことである。円滑な経営継承を実現するためには、経営者と後継者による話し合いを準備段階から実行段階まで様々なことを何度も行う必要があるため、計画的に進めていくことが重要とされる。

　新たな米需要に立ち向かうアントレプレナーとしての大嶋康司氏の挑戦は、今後も続いていくものと考えられる。

【参考情報】

東京農大経営者フォーラム 2022　東京農大経営者大賞受賞記念講演
株式会社大嶋農場代表取締役　大嶋廉司氏

　私は 1959（昭和 34）年 3 月に茨城県筑西市というところで生まれました。筑波山の西、15 キロ程のところにある平坦な地域です。農家の長男として生まれたので、将来の仕事は農業に決まっているというような時代でした。地元の高校を卒業し、東京農業大学畜産学科に入学いたしました。青春時代をこの世田谷キャンパスで過ごし、現在の私の基礎となるものが培われたと思っております。

　私は卒業と同時にすぐ就農しました。両親と手伝ってくれる方の数名で営農しており、水田が 4.2ha、ブロイラーを年間約 6 万羽飼っておりました。当時は食管制度に守られていましたので、仕事に対する悩みはそんなに大きくありませんでした。

　平成 5 年、平成の大飢饉、冷夏の年がありました。全国の作況指数が 75 でした。平成 5 年の秋の茨城県産コシヒカリは 60 キロ当たり 2 万 3,000 円ぐらいでした。消費者の不安をあおるような報道で米価がどんどん上がり、平成 6 年 3 月末には 6 万円まで高騰しました。しかし、その後はずっと米価は下落の一途でした。そういう中で、経営が今後どうなるかという悩む日々が続いていました。当時はコシヒカリ 1 品種しか作っていませんでしたが、ある業者さんに「もうコシヒカリはジャブジャブあるんだよ」と言われたことが今でも胸に焼きついています。「何で自分はジャブジャブあるお米を一生懸命作っているんだろう」と、ふと我に返ったような気がいたしました。それから会社を立ち上げ、自分なりに将来の経営を見直した時期でした。

　コシヒカリの時代はもう終わったと思い、他の品種はないかと探す中で、ミルキークイーンという品種を知りました。そこで、「できた玄米は全量その業者が買う」という約束で、ある業者からミルキークイーンの種を購入しました。当時、ミルキークイーンの種は 1 キロ 2,000 円、一般的な種籾は 1 キロ 500 円でした。しかし、手元に届いたものは歩留まりが 50％くらいで、蒔いた種籾から僅かですが麦も生えてきました。このミルキークイーンは本当にミルキークイーンなのかと、不安に駆られました。

　収穫し、すぐ家族で試食をして、もっちりとしたおいしいお米であることを確信しました。種を買った業者に「玄米ができましたからよろしくお願いします」と何度か話をしましたがなかなか買い取ってくれません。年末となり「ぜひ引き取りをお願いしたい」と言いましたら断られました。「倉庫にミルキークイーンがいっぱいでジャブジャブあるので、大嶋さんのところは自分でさばいてほしい」と言われたのです。私の中では裏切られた感一杯だったのですが、そのミルキークイーンは何とか自分の小さい小さいネットワークの中で処理できました。今思えば、コシヒカリより、60 キロ当たり 1,500 円ぐらい高く販売できました。

　ミルキークイーンはつくばの農研機構で開発されましたので、翌年、「原種を分けてほしい」と足を運んだら「法人化にしてないとダメだ」と言われました。「理由は」と聞きますと「社会的信用がない」とのことでした。2000 年 12 月 20 日に法人登記をして、農研機構にその書類を持っていき、「法

人化しましたので、ぜひ利用許諾を結ばせていただいて、ミルキークイーンの原種を分けてほしい」と言い、それから大嶋農場の歴史が始まりました。2001年の春に播種したミルキークイーンの種は秋に約20キロ販売できました。何ともいえない喜びでした。

　現在は、米作りに特化した農業法人としてスタッフ4名を抱え、事業部門は稲作部門、加工部門、流通部門の三本立てになっています。稲作部門では、種子用米は2001年、ミルキークイーンから始まり、現在では62品種、約16haとなりました。また、主食用米については、1995年に茨城県認証の特別栽培米を始め、現在7haとなり、2001年には有機JASの認証を取り、現在は6haです。加工部門は2011年、6次化の認定を受けました。2011年、東日本大震災と原発事故に関連する影響から、収穫したお米のインターネットのお客様はほとんどいなくなりました。しかし、電話注文や弊社に足を運んでくれているお客様は継続して購入してくれました。顔が見える関係が重要であると痛感し、現在、有機栽培のミルキークイーンを使用したお味噌や生糀などを生産しています。流通部門では、昨年からですが、大手中食チェーンとタッグを組み、大嶋農場を中心とした、福島、茨城、栃木、千葉の生産者を集め、約65ha分の契約をしております。

　マーケットの視点からは、3つの取組みが重要だと考えています。まず、第一に種子用米の生産・販売、第二にお米と加工品、第三に実需者との取り組み、となりますが、できるだけプロダクトアウトではなくマーケットイン、実需とつながった経営をすることが、我々の生きる道だと確信しております。

　第一の種子用米の生産・販売については、利用権許諾契約に基づき原種より採種したものをはじめ、合計62品種の種子の生産・販売を行っておりますが、そのエビデンスとしてDNA鑑定と発芽試験等を、どちらも第三者機関に依頼をしています。種子用米も一般的なものばかりでなく、腎臓病の患者さんが食べられるような低グルテリン米、長粒でカレー、チャーハン、ピラフなどに向く粘りの少ないお米、農研機構で開発した日本版リゾット米、米粉専用品種やパンに向く品種など、ニッチな品種の生産・販売を行っています。種子用米の生産工程で一番大変なのは混入をゼロにすることです。ヒューマンエラー、つまり勘違いが一番大きなネックとなります。稲刈りの管理を徹底し、危ういものはすべて廃棄しています。

　第二の食用米と加工品については、百笑米×加工品ということで、有機栽培、特別栽培で、食味向上およびオンリーワンの商品開発に取り組むために、宮古島産のマグネシウムが豊富とされている雪塩とハチミツと鰹節エキスなどを水に溶かして、出穂期に1回あるいは2回散布して、おいしい米作りに取り組んでおります。パッケージは、昔は私も「中身で勝負だ」といきがっていたこともありましたが、百貨店などで棚に並んだ時はパッケージに頼らざるを得ません。当社ではデザイナーにお願いして、すべての商品のパッケージを依頼しております。

　第三の実需者との取り組みは、大手中食チェーンに対して、流通業者・生産者が協力して、実需者に求められる生産体制を構築しております。令和5（2023）年産は500トン近く販売することが見込まれております。

　今までお話ししたことは、経営の概要ですが、ここから、経営哲学についてお話します。理想の姿、経営理念は「社会的責任、価値の創造、自己研鑽」の三つだと思っています。「社会的責任」は、自然・生命の摂取を重んじ、安全な食料・農産物の供給責任を果たす。まさに我々の仕事だと思っております。持続可能な経営の根幹となります。「価値の創造」は、農業の新たな価値を創造し、持続的な農業経営を発展させ、地域社会に貢献する。地元と一緒にやるということです。これからはまわり

でも耕作放棄地も増えてくると思います。地域の方や行政と相談しながら地域の保全に努めていきます。「自己研鑽」は、自らを鍛え、次代の人を育てることのできる、魅力ある農業法人目指すことです。東京農業大学のインターンシップの学生さんにも約40年お世話になり、100人をはるかに超えているかと思います。農業を命にかかわる産業として、文化的、経済的、教育的に貢献できる産業に発展させ、すべての人と夢・希望を共有できる職場としていきたいと思います。

　大嶋農場はこれからもブルーオーシャンの市場の開拓を目指します。他に類のない商品を作ることで価格決定権を持つ。自分のところで生産できて、お客さんが望んでいるもの、ライバル会社ができないものに取り組む。自社ブランド、オンリーワンを極める努力をしたいと思います。オンリーワンを目指すためには有能な人材も必要になります。人材は頭数でも知識でもありません。その人の今までの経験に基づいた知恵、いかに発想ができるかということが一番大事なのではないかと思っております。優秀な人材が欲しい。これは経営者として当たり前です。しかし、この会社で一緒に幸せな仕事ができると思えるような会社ではないと、優秀な人材は集まってくれません。それを実現するのが経営者の力量、器です。そこを従業員も見ているかと思います。スタッフ一同力を合わせて努力をし、より充実した経営を目指して日々頑張っていきたいと思います。

　人と人のつながりはネットワークの基礎です。パワーチャージ、力をくれる人。ほっとマン、心から打ち明けられる人。モデル、目標となる人。ドリームメーカー、夢をくれる人。自分の人生に影響を与えた人。私も、影響を与えてくれた方々とは今もお付き合いをさせていただいております。人との出会いを大切にしつつ、壁にぶつかったら、柔軟な発想で農業の常識を超えていきたいと思います。

　近い将来、世界的に人口が爆発的に増え、食料確保が難しくなるといわれております。東京農業大学は研究者を育てる学部・学科もあると思います。様々な技術を開発することはもちろん大事だと思います。それと同じように、「人物を畑に還す」。我々、農業現場でも、今大変人手不足でもありながら、優秀な人材を欲しています。ぜひ東京農業大学でも、今以上に「人を畑に還すという教育」をぜひお願いしたいと思います。

【注】

注1）本章では割愛しているが、「キャッシュフロー分析」、「損益分岐点分析」、「利益増減分析」などといった財務分析の手法や「売上高材料費率」、「限界利益率」などといった、他の経営指標も多く存在している。それぞれ分析手法や経営指標等の特徴については、前林（2003）や安達（2013）などを参照されたい。

【参考文献・ウェブページ】

［１］安達長俊（2013）『金融機関のための農業経営・分析改善アドバイス』金融財政事情研究会、pp.4-27。
［２］大坪研一（2018）「利用用途に応じた米の特性と選択（2）」『日本調理科学会誌』調理科学研究

会 Vol.51 No.5、pp.290-296。

［3］ 金融財政事情研究会編著（2020）『【第 14 次】業種別審査辞典　第 1 巻』金融財政事情研究会、pp.2-10、275-287。

［4］ 小針美和（2020）「農業者の品種選択と農業構造の変化がコメの作付品種構成に与える影響―JA ぎふの米穀検査数量データにもとづく実証分析―」『農業経済研究』第 92 巻第 1 号、pp.46-51。

［5］ 千葉県・千葉県農林水産技術会議（2023）「水稲の採種栽培（第 4 版）」、2023 年 5 月。

［6］ 日本政策金融公庫（2022）「令和 3 年　農業経営動向分析結果」 https://www.jfc.go.jp/n/findings/pdf/r04_zyouhousenryaku_3.pdf（閲覧日：2023 年 11 月 30 日）。

［7］ 農林水産省（2023）「米をめぐる関係資料」 https://www.maff.go.jp/j/council/seisaku/syokuryo/230301/attach/pdf/230301-44.pdf（閲覧日：2023 年 12 月 18 日）。

［8］ 農林水産省（2022）「農業の経営継承に関する手引き」 https://www.maff.go.jp/j/keiei/attach/pdf/keieikeisyo-13.pdf（閲覧日：2024 年 1 月 5 日）

［9］ 米穀安定供給確保支援機構（2023）「令和 4 年産 水稲の品種別作付動向について」 https://www.komenet.jp/pdf/R04sakutuke.pdf（閲覧日：2023 年 12 月 18 日）。

［10］ 前林和寿（2003）『経営分析の基礎（改訂版）』森山書店、pp.21-62、101-114。

第2章

洋らんを基軸とした戦略的農業経営の実践
−有限会社座間洋らんセンターの経営成長過程−

内山智裕・佐藤和憲・井形雅代

1．はじめに

　胡蝶蘭（コチョウラン）とも呼ばれるファレノプシスは、花の美しさと花もちの良さで知られ、観賞用・贈答用として高い人気がある。その一方、ファレノプシスは熱帯性の植物であり、温暖で湿潤な気候を好むため、品質を維持するために適切な環境制御が必要となること、国内外で生産されているために市場競争が激しいこと、生産したファレノプシスをどのように販売していくか、効果的なマーケティング戦略や販売ネットワークの構築が必要であること、といった課題を有している。

　これらの課題を克服するためには、ファレノプシスの生産に関する専門知識や技術はもとより、市場動向や規制、新品種の開発といった最新の情報を常に把握し、さらにリードしていくことが必要となる。いわば、生産管理をはじめ、知財を含めた情報管理、経営戦略策定など、経営者に求められる能力が網羅的となる品目である。さらに、近年は、ファレノプシスを“財”として販売するだけでなく、ファレノプシスを用いた“サービス”の提供といった新業態を展開していくことも検討しなければならない。

　本章では、神奈川県座間市にて、ファレノプシス生産を基軸としている有限会社座間洋らんセンターを取り上げ、その経営展開や経営資源の活用と成果、今後の展望について考える。

2．ファレノプシスをめぐる生産・流通の動向

1）消費動向

　切り花の購入金額を家計調査から見ると、1990年代後半までは右肩上がりで増加していたが、その後は長期的に減少している（**図2−1**）。年齢別では若年層ほど購入金額が低い。他方、洋らんなどの鉢物が含まれる園芸用植物の購入金額については近年の数値しかないが、ここ数年間は横ばい状態にある。花き類の消費は全体として厳しい状況が続いているが、その中で鉢物類は比較的堅調と言える。

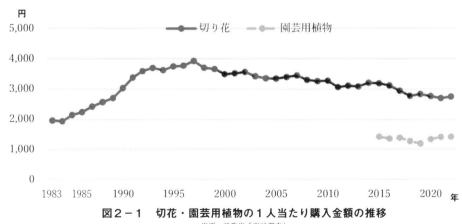

図2−1　切花・園芸用植物の1人当たり購入金額の推移
出所：総務省「家計調査」

2）生産・出荷動向

　花き産業の長期的な動向を国内産出額で見ると、消費動向と軌を一にしており、1970 年代から 1990 年代まで急速に拡大してきたが、1998 年の 4,734 億円をピークとして減少してきた。近年は横ばい傾向であったが 2020 年度には新型コロナウイルス感染症流行（コロナ禍）の影響もあり急減した。2021 年度の産出額は 3,306 億円となっている **（図 2−2）**。

　このうち鉢物洋らん類の生産動向をみると、**図 2−3** のように収穫面積、出荷数量とも 2000 年代前半をピークとして減少に転じている。また、卸売市場への入荷数量を見ると、シンビジウムは長期的に単価は横ばいであるが大幅に数量が減少している。カトレアは数量は漸減傾向であるが、単価は低下している。これに対して、ファレノプシスは数量は微減・横ばい傾向にあるが、価格は上昇傾向にある。

　現在、鉢物ファレノプシスの市場規模は、小売段階で約 300 億円程度とされている。ちなみに全国の卸売市場段階での入荷金額は 2007 年に 161 億円のピークを記録したが、その後は 140 億円台に低下していると言われている。しかし、花き全体の需要が減少傾向にある中では、数少ない堅調な大型

図 2−2　花きの産出額の推移
出所：農林水産省「生産農業所得統計」

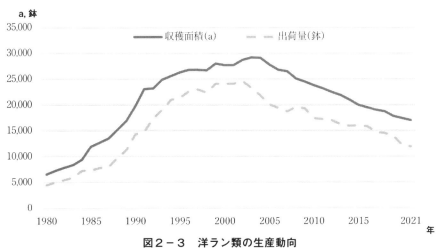

図 2−3　洋ラン類の生産動向
出所：農林水産省「花き生産出荷統計」

品目で、花き国内産出額の約 1 割を占めている。

以上のように、花き産業全体は厳しい状況が続いているが、その中で鉢物ファレノプシスは善戦している。

流通しているファレノプシス鉢物は、花のサイズにより大輪系、中輪系、小輪系に分けられている。東京都中央卸売市場大田市場・（株）大田花きの入荷数量は、小輪系が 6 〜 7 割、大輪系が 3 割、残りを中輪系が占めているとされている。しかし、大輪系の価格は小輪系の価格の 4 〜 5 倍に達している（農耕と園芸 Online カルチベ , 2021）。

用途を見ると、大輪系は飲食業や一般企業のイベント等の業務需要の比率が高く、小輪系は個人需要の比率が高い。業務需要ではファレノプシスの代替品がほぼないという圧倒的な人気を誇っている。鉢物ファレノプシスでは本数が 1 本から 10 本以上まであるが、3 本立ちが一般的である。花色は、白のイメージが強いが、ピンク、黄、青、紫、赤リップ系があり、それぞれに用途がある（農耕と演芸 Online カルチベ , 2023）。白は最も一般的で、個人需要から業務用まで幅広い用途に用いられている。

3）流通動向

花き類が全国 162 か所の卸売市場を経由して流通する比率は 70.2%（取扱金額は 3,175 億円）で、青果物、鮮魚、食肉と比較して最も高いが、近年低下傾向にあることは否めない。また、卸売市場における取引方法はセリは 2 割弱に減少し相対が 8 割以上になっている。

卸売市場では卸売業者が農協や個人からの集荷と仲卸業者や小売業者への販売を担っている。東京や大阪の大規模な卸売市場には仲卸業者があり、卸売業者から相対やセリで購入して小売業者に販売している。

花き等取扱い小売業は全国に約 2 万店、年間販売金額は約 4,600 億円で、スーパー、ホームセンターにおける販売が増加しているが、店舗数の 6 割弱、売上の 7 割は専門店が占めている。ただし、低価格の鉢物や苗物は、ホームセンターの取り扱いが増えている。

花きのうち切り花は、農協を通じて出荷される比率が高いが、鉢物・苗ものは、農家や農業法人からの出荷が多い。

洋らんの流通も、卸売市場から花き専門店などによって小売されるのが一般的である。特にファレノプシスのうち 3 本立ち以上の大輪は、飲食店の催事や企業の祝い事等の業務用ギフトとして使われることが多く、主に花き専門店から納品されてきた。しかし、近年、花き専門店が急激に減少し、その販売金額も減少している。一方、インターネットの普及を背景として、小輪・中輪の大衆品は生産者によるインターネット直販が増加しており、3 本立ち以上の業務向けの大輪もインターネットで直販・直納されるようになっている。なお、洋らんでは、従来から展覧会での即売や都市近郊では生産農家による庭先販売、直売店も少なくない。

3．座間洋らんセンターの経営展開と加藤春幸氏の活動

1）地域概況

座間洋らんセンターの所在する神奈川県座間市は、東京都心から約 50km、横浜から約 20km の神奈川県中央部に位置し、昭和 30 年代半ば頃からは大企業の誘致が行われ自動車産業中心とした企業

城下町が形成されてきた。高度成長期以降、東京のベットタウンとして急激に人口が増加し、農村から工業及び住宅都市へと変貌を遂げ、現在では県下33市町村中4位の人口密度をもつ自治体となっている。市内にはアメリカ陸軍キャンプ座間が置かれ、基地の町としての一面もある。

市内を南北に縦断するJR東日本相模線の東側に沿って伸びる崖を境に、西部の相模川沿いの沖積低地と、東部の相模野台地（相模原台地）に属する高台に分かれ、高台地域の農業振興地域と準工業地域（旧座間日産工場）の境界領域に座間洋らんセンターは立地している。座間市の農業は、露地野菜を中心とした東部地域の畑作と、水稲を中心とした西部地域の稲作が特徴であり、一部、施設を利用した農業も行われている。

2）代表・加藤春幸氏の取り組み経過

座間洋らんセンターは、先代の加藤春朗氏が加藤バラ園から屋号変更し、1979年に創業した。現代表の加藤春幸氏は、2002年に東京農業大学農学部農学科園芸バイテク学研究室（改組後、農業環境学研究室）を卒業後、実家である座間洋らんセンクーに就農した。先代の春朗氏も花き生産を行っており、品目をバラからカトレアに切り替えるなどの展開を図っていたが、春幸氏は高校に進学するまで就農・経営継承する意思はなく、大学は社会学系の学部への進学を考えていたという。高校在学中に「年商14億円のシンビジウム農家」の新聞記事を目にしたことをきっかけに、就農を現実的な選択肢として考え始め、進学先を東京農業大学農学部へ変更した。

東京農大在学中に特に取り組んだ活動として挙げられるのは、研究室活動に加え、2つある。1つは、生産者訪問を行って情報収集を行い、就農後の経営展開について構想を練ったことである。もう1つは、自家経営の簿記記帳を担当したことにより、経営の財務状況やキャッシュの動きなどを、リアルタイムで把握できたことである。春幸氏によれば、当時の経営状態は決して良好ではなかったが、経営者として状況を捉える視点が養われたという。このように、春幸氏は、就農・経営継承そして**第二創業**[1]に向けた助走期間として学生生活を過ごした。

既述のように、春幸氏の父はバラ生産から洋らんのカトレア生産に切り替えたが、カトレアの主たる需要は葬儀用であり、春幸氏は経済情勢の悪化とともにその需要が低下することを見越していた。そこで取り組んだのがファレノプシスへの転換である。座間市という立地を生かし、市場出荷に加え自家直売所を設け、直接発送も行い、消費者との直接対話を図りながら、扱う商品のブランド化を進めていった。

また、高品質化のための生産技術の改善と生産の効率化を進め、多くの成果を挙げている。ヒートポンプ冷房の導入も早く、さらに当時は研究室レベルの研究であったLED補光技術をいち早く実践現場に取り入れた。近年の異常気象の影響で他の生産者がファレノプシスの品質維持に苦しむ中、これらの技術は、高品質のファレノプシスの出荷の継続や、様々な賞の受賞にも繋がっている。

この間、2004年の法人化時に春幸氏は専務取締役、2022年には代表取締役に就任しているが、栽培面積は大きく変わらない中で、雇用を拡大し、売上高も伸長している。コロナ禍により売上高の低下に見舞われた時期もあったが、その後は需要の回復や新たな事業連携による経営拡大を実現している。

座間洋らんセンターの現在（2023年）の経営概況を見ると、経営面積4,000㎡、ガラス温室にて年

1）：企業が既存事業とは異なる新事業・新分野に進出することで経営刷新を図ることを指す。比較的規模の小さい中小企業が、経営者が入れ替わるタイミングで行うことも多く、「事業承継」のかたちの一つと考えられている。
https://www.orix.co.jp/grp/move_on/entry/2022/10/12/100000

間約5万株200品種以上の洋らんの生産・販売・品種改良を行っている。その栽培技術は業界屈指であり、品評会などで多くの受賞実績を誇る。その特徴は、以下のようにまとめられる。

①ファレノプシス（鉢物）の生産工程のうち、苗生産を海外蘭園（ベトナム・タイ・台湾）で委託栽培し、日本へ輸入する栽培プログラムを確立した。これが国際リレー栽培による高品質なファレノプシス生産を実現させている。

②**トヨタ生産方式**[2]などを活用し、職人的な生産形態だったファレノプシス生産工程の見える化・分業化を行い、スタッフの早期技術習得と各作業の生産効率向上を図っている。

③主な販売先として、卸売市場を中心とした卸売販売（**BtoB**[3]）、直売所での消費者への直接販売（**BtoC**[4]）、自社ホームページやカタログ、企業への定期販売などの外部販売（BtoC）、と3つの販売チャンネルがある。現在その割合は4:3:3となっている。

また、春幸氏は、有限会社座間洋らんセンター代表取締役のほか、日本洋蘭生産協会副会長、花き生産供給力強化協議会ジャパンフラワー強化プロジェクト推進事業検討委員、全国鉢物類振興プロジェクト協議会ジャパンフラワー強化プロジェクト推進検討委員、さがみ農業協同組合座間地区運営委員などを務め、業界や地域農業の振興にも貢献している。

4．ファレノプシスの栽培特性と座間洋らんセンターにおける栽培方式の特徴

1）ファレノプシスの栽培特性

洋らんの原産地は亜熱帯から熱帯であるが、18世紀のヨーロッパで園芸用として温室内での栽培が始められた。日本には明治期に導入されたが、一部の愛好家の趣味や高級花きとして少量が販売されるにとどまっていた。本格的に経済栽培が始められたのは1960年代に入ってからであるが、株分けによる苗の繁殖が困難なため極めて高価であった。ところが、1960年代後半からメリクロン（茎頂培養）が開発普及していったことにより安定した環境下での大量繁殖が可能となり、従来より安価な洋らんの大量生産が可能となった。

洋らん類は低温には弱いので、沖縄を除く日本では加温できる温室内での栽培が必要である。施設としてはガラス室またはビニールハウスが用いられ、加温には温度分布が均一な温湯暖房が用いられてきた。

ファレノプシスは洋らんの一種で、亜熱帯から熱帯を原産地とし、木の幹などに着生する着生らんの一種である。その原産地は高温多湿にもかかわらず、木の幹に着生して生育するため、風通しの良い乾燥した状態の半日陰での長時間日射を好む。開花期は冬季から春季であるが、現在では品種改良

2）：「異常が発生したら機械が直ちに停止して不良品をつくらない」という考え方（自働化）と、各工程が必要なものだけを停滞なく生産する考え方（ジャスト・イン・タイム）により、よい製品だけをタイムリーに顧客に届ける方式。トヨタ自動車が確立したものが、他企業・他産業にも普及している。
https://www.toyota.co.jp/jpn/company/history/75years/data/automotive_business/production/system/index.html

3）：「Business to Business」の略で、メーカーとサプライヤー、卸売業者と小売業者、元請け業者と下請け業者など、企業間で行われる取引のこと。「B2B」と表記される場合もある。
https://mercart.jp/contents/detail/28

4）：「Business to Consumer」または「Business to Customer」の略で、企業と消費者間の取引のこと。B2Cと表記される場合もある。店頭での買い物や飲食店での食事、旅行など、日頃から個人的に利用しているものが該当する。
https://mercart.jp/contents/detail/28

や栽培により周年開花が可能になっている。最適な生育温度は15～25度、最高温度30度とされており、近年における夏季の高温（35度以上）は生育を妨げるので冷房装置も導入されつつある。また、直射日光を避けるため春から初秋までは遮光が必要である。水管理については鉢が十分乾燥してから灌水する。

２）座間洋らんセンターの栽培方式の特徴

（１）苗生産の海外委託

　洋らん類の育苗はメリクロンによって大量生産が可能となったが、それでもフラスコ内での育苗に2年かかり、さらに温室で開花までに2年数か月の計4年数か月を要する。つまり、資本の回転として見ると約0.2回／年と低い。このため、以前から洋らん経営では育苗の外部委託が行われていた。座間洋らんセンターでは、生育環境が良好で技術レベルも高い台湾、さらに労賃も低いベトナムに育苗を委託している。メリクロンで繁殖された幼苗はフラスコの中で2年間育苗された後、ベトナム・ダラットおよび台湾・台南の契約農場でさらに2年間育成される。この幼少株を日本に輸入し、それから7か月間座間洋らんセンターの温室で、LED補光によりコンピューター管理された環境下で成株へと生長させる。このようにして日本側の栽培計画に沿った苗供給を受けられるようになっており、高品質を維持しながら生産性を向上させている。

写真２－１　苗育成の様子
出所：座間洋らんセンター資料

（２）LED補光技術

　先に述べたように、洋らんは半日陰ではあるが長時間日射を好む植物である。座間洋らんセンターは、現在地で40年以上、洋らんを順調に栽培してきたが、2012年に隣接地に大型高層建物が建設され朝日が当たらなくなったことで日照不足となり、栽培に支障が出るに至った。この問題に対して、東京農業大学農学部雨木若慶教授・スタンレー電気（株）とのLED補光技術の共同研究に参画し、同技術を実用化した。これによって、日照不足問題を解消しただけでなく、雨天・曇天時にも生育に必要な光量も確保できるようになり、周年安定した高品質生産を実現した。その成果はLED補光を用いた超大輪ファレノプシス「ザ・プレミアムホワイト」が農林大臣賞を6回受賞したことにより証明されている（**表2－1**）。

写真２－２　LED補光の様子
出所：座間洋らんセンター資料

表2－1　座間洋らんセンターの主な受賞歴（抜粋）

年 月	事 項
2009 年 11 月	ファレノプシス「チョコレートパール」：全国花き品評会（東京）にて農林水産大臣賞
2012 年 11 月	ファレノプシス「マダムバタフライ」：全国花き品評会（愛知）にて農林水産大臣賞
2013 年 11 月	ファレノプシス「スプリングフェアリー」：全国花き品評会（東京）にて農林水産大臣賞
2015 年 2 月	デンドロビウムスミリエスピリットオブザマ：世界らん展日本大賞 2015（東京）にてグランプリ日本大賞
2015 年 11 月	ファレノプシス「エタニティースノー」：全国花き品評会（東京）にて農林水産大臣賞
2017 年 11 月	ファレノプシス「ザ・プレミアムホワイト」：全国花き品評会（愛知）にて農林水産大臣賞
2018 年 11 月	ファレノプシス「ザ・プレミアムホワイト」：全国花き品評会（愛知）にて農林水産大臣賞
2019 年 11 月	ファレノプシス「ザ・プレミアムホワイト」：全国花き品評会（東京）にて農林水産大臣賞
2021 年 3 月	テンドロビウムハワイアングリーンダイセン：世界らん展 2021（東京）にてグランプリ日本大賞

出所：座間洋らんセンター資料

（3）ガスヒートポンプエアコンによる冷暖房

　洋らん類は冬季の低温を避けるため温室とその加温が不可欠であるが、近年は夏季の高温障害も問題となる。このため、座間洋らんセンターでは、ファレノプシス栽培を始めた 2005 年から冷房装置を導入し始め、2018 年までに温室内を全面的に冷房化した。これにより、高温な夏季においても温室内の温度を適正に管理できるようになり、高品質生産に寄与している。また、ガスヒートポンプを使用することにより、ランニングコストを抑えるとともに環境負荷の軽減にも寄与している。

（4）生産工程の見える化・分業化

　洋ランはこれまで経営者の職人的な技能によって生産されてきた。このため外部から見ると、個々の技術や工程によく分からない部分があり、従業員による技術習得や、分業化による生産性の向上を困難にしていた。そこで、座間洋らんセンターでは、トヨタ生産方式の導入を進める中で、生産工程を**図2－4**のように分解し、それぞれの工程での作業内容、作業方法を特定したうえで、作業分担を明確にしている。これによって、従来、長年の経験が必要とされていた花組み、植え、仕立てという一連の作業について、経験の浅い従業員でも技術習得できる仕組みづくりを進めている。

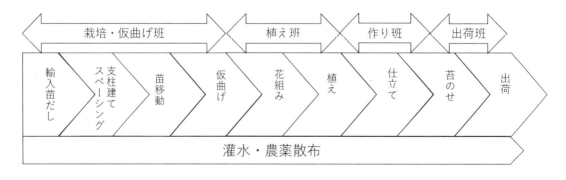

図2－4　コチョウランの生産工程図
出所：座間洋らんセンター資料

５．座間洋らんセンターにおける経営管理と経営発展

１）生産管理や労務・人事管理の特色

　座間洋らんセンターは2004年に法人化しているが、法人化当時の雇用は8名であった。それが2022年には40名となっており、雇用の面では大きく成長していることがわかる。採用はパートを中心に行なっているが、地域での知名度をあげていることで、求人誌に掲載すると週に70件程度問い合わせが来るなど、人材確保は順調に推移している（**図2-5**）。

　正社員については、雇用保険、労災保険、健康保険、厚生年金といった社会保険を完備しており、さらに正社員の充実度を上げるため、夏季に10連休が取得可能になるような体制を整えている。

　また、事業拡大に伴い、組織改革も進めている。コロナ禍で遅れていた正社員雇用を2022年に2名行なった。この2名を将来のマネージャー候補として、組織体制の変更も計画している（**図2-6、図2-7**）。

２）財務上の発展の推移

　既述のように、座間洋らんセンターは、面積ベースでの規模拡大は行っていないが、生産品目の変更と拡充、生産量の増加に伴い、売上高は伸長している（**図2-8**）。特に2019年以降は大きく伸びているが、その要因は、卸売市場出荷のみならず、直接販売（消費者あるいは企業）を増加させ、さ

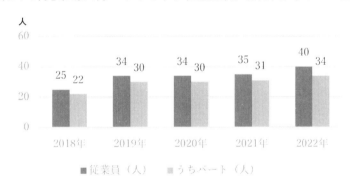

図2-5　座間洋らんセンターにおける雇用の推移

出所：座間洋らんセンター資料

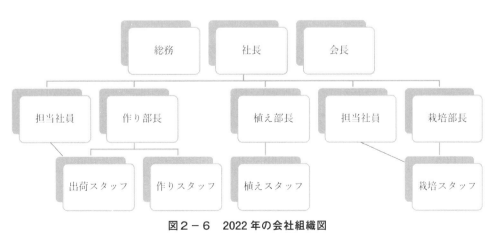

図2-6　2022年の会社組織図

出所：座間洋らんセンター資料

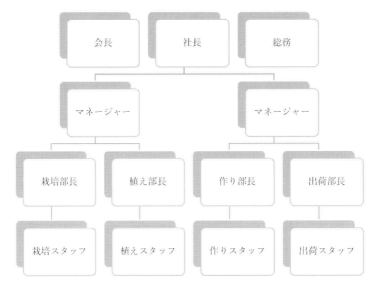

図2－7　2024年の会社組織図（計画）
出所：座間洋らんセンター資料

図2－8　座間洋らんセンターの生産量・売上の推移
出所：座間洋らんセンター資料

らに企業とのコラボレーションを拡大させたことによる。このコラボレーションは、体験型デジタルアートの常設ミュージアムである「チームラボプラネッツ TOKYO DMM」（東京都江東区豊洲）にて、洋らんの生花を使用した展示協力を行っているものである。ここでは、座間洋らんセンターが開発した品種の共同発表を行うなど、ブランディング形成の場としても機能している。

　もっとも、これまで全てが順調だったわけではない。温室には冷房装置などの設備投資を継続的に行っているが、2011年には落雷のために温室の1つ（1,056㎡）が焼失する被害も受けている。また、2020年に発生したコロナ禍では、一時売り上げが大きく低迷した。前年に大きな投資（冷房用ガスヒートポンプの導入）を行った直後だったこともあり、コロナ禍発生直後の2020年3月～5月は、特に厳しい状況（「ひと鉢売るごとに5,000円から7,000円の赤字」）を経験した。実際、同業他社には生

産活動をストップし、**持続化給付金**[5)]を受給することで困難を乗り切るところも多かったという。しかし、春幸氏は、この事態においても生産活動を継続し（パート従業員も雇い止めにせず）、結果として 6 月以降に事態が緩和されると、ファレノプシスが品薄状態となっていたため、売上を回復させることができた。この経験について、春幸氏は、後ろ向きの経営判断をしなかったことがその後の経営成長のターニングポイントになったと振り返っているが、その判断ができたのも、価格決定を委ねてしまう卸売市場出荷に依存せず、価格決定権を自ら保持していたことも大きい。また、赤字でも生産継続という判断を行うに当たっては、経営の財務状況をチェックし、「半年間は耐えられる」という見込みが立っていたことも見逃せないポイントである。

3）座間洋らんセンターのマーケティングと販売の特徴

　以上見たような座間洋らんセンターの経営成長は、マーケティング戦略の裏付けによるところも大きい。ここでは、製品戦略とチャネル戦略に絞って整理する。

　まず**製品戦略**[6)]については、切バラから洋らんに切り替えた 1980 年代から 2000 年代初頭は、カトレア（切り花）が主力商品で、業務需要、主に葬儀用（供花）や結婚式用（ブートニア）をターゲットとしたものであった。しかし、葬儀需要の先細りもありカトレア需要は次第に減少傾向となった。こうした中、当時需要が拡大していたファレノプシスを 2005 年に導入した。ただし、ターゲットは、都市近郊という立地を生かして近隣地域の個人（家庭）需要に焦点を当てながら、業務需要にも対応するものであった。その後、ファレノプシスの生産拡大に伴い大口需要のある企業贈答向けの業務用に重点を移していった。また、コロナ禍による影響で企業贈答向け需要が一時的に落ち込む中、これまでになかった体験型アートミュージアムの素材需要にも対応することにより新たな大口の業務需要を掴んでいる。さらに、ファレノプシス需要が減少するなどの将来の市場リスクに備え、現在はニッチ商品であるビザールプランツ（珍奇植物）を取り入れて次期商材として育成している。

　他方、**チャネル戦略**[7)]についてみると、カトレア切り花を主体とした時期には卸売市場出荷が主であったが、ファレノプシスに切り替えたころから、都市近郊という立地条件を生かした庭先直販に重点を置きながら卸売市場出荷を組み合わせた戦略をとってきた。その後、ファレノプシスの生産拡大に伴い、大口需要のある企業贈答向けを効率的に販売できる卸売市場出荷に重点チャネルを移した。市場出荷のターゲットは、東京都内の中央卸売市場である。座間洋らんセンターの商品は、価格ピラミッドの最上部にポジショニングしている。関東エリアでは上位 10 位以内に入る生産量であるなどシェアも確保しており、ブランド力は業界ナンバー 1 を自負している。

　また、先にも述べたように、コロナ禍による需要急減や物流の停滞を経験する中で、企業贈答向けについても卸売市場経由だけでなく Web サイトでの直接受注と直送納品というダイレクトチャネル

5）：新型コロナウイルス感染症拡大により、売上が前年同月比で 50％以上減少するなど特に大きな影響を受けた事業者に対して、事業の継続を支え、再起の糧となる給付金を支給する制度。2020 年 5 月から 2021 年 2 月にかけて申請が受け付けられていた。農業や飲食業を含んだ幅広い業種に適用され、法人だけでなく個人も対象となった。
　　https://www.meti.go.jp/covid-19/jizokuka-kyufukin.html

6）：マーケティング戦略において顧客にどの様な製品やサービスを提供するのかを考えること。マーケティングミックス（4P）で、検討すべきマーケティングの具体的施策の一つ。
　　https://cyber-synapse.com/dictionary/ja-sa/product-strategy.html

7）：生産者から消費者への販売ルート・組織をどう管理・運営していくのかを考えること。マーケティングミックス（4P）のうち「流通：Place」の実行戦略を指す。消費者が実際に商品やサービスを購入できる場や方法、あるいはそこに至る配送や物流のルートや業者などが検討対象となる。
　　https://video-b.com/blog/wm/di-010298/

を開発し定着させている。さらにアート素材需要については大手企業とコラボレーション関係を取り結び、その下で中長期的な大口の契約的取引を行っている。

6．まとめ〜座間洋らんセンターの"強み"と"これから"を考える。

1）座間洋らんセンターの強み

座間洋らんセンターの強みは、「生産・技術上の強み」と「マーケティング・経営戦略上の強み」「経営者としてのネットワーク構築」に大別される。

（1）座間洋らんセンターの生産・技術上の強み

以下の 5 点が挙げられる。

第 1 に、東京農業大学との共同研究により、ファレノプシスにおける LED 補光技術の実用化を行った。

第 2 に、生産性向上と従業員成長のため、花き園芸としては日本で初めてトヨタ自動車（株）によるトヨタ生産方式を導入し、2S 活動やホワイトボード活用などを行っている。

第 3 に、世界らん展などの賞レースへの出品を通じて研究開発した試験区での施肥などの栽培管理を全栽培面積に汎用化し、高品質のファレノプシス生産を可能にした。

第 4 に、温室内温度調整のため営農用としては日本初の都市ガスを利用したガスヒートポンプエアコンを導入した。これがハイパワーの温度調節による高品質なファレノプシス生産を可能にし、従来の電気式に比べランニングコスト、環境負荷の面でより効率的な生産が可能となっている。

第 5 に、IoT 技術を活用し、スマートフォンによりオンタイムで施設内の環境数値を確認し、異常状態になるとアラームが入るなどの危機管理体制も整えた。

（2）マーケティング・経営戦略上の強み

以下の 5 点が挙げられる。

第 1 に、都市農業の強みである消費者との距離が近いことを生かし、創業時より生産直売を行い、出荷場を兼ねた洋らん専門店を直営している。この部門は、BtoC の販売チャンネルとして機能すると同時に、消費者のニーズをいち早く収集することもできる。

第 2 に、企業顧客のデータ（伝票・請求など）を一括管理できる PC システムを導入し、改善を図ることで、効率性と顧客満足度の向上を図っている。

第 3 に、自社ホームページより注文販売を行うシステムの改善を行っている。ホームページからの販売数は着実に増加している。

第 4 に、常設ミュージアム「チームラボプラネッツ東京 DMM」を舞台に、企業とのコラボレーションを通じたブランディングの構築を進めている。

第 5 に、卸売市場への BtoB 取引では、圧倒的な受賞歴と技術力、近郊農業の鮮度とフットワークの軽さを武器に、トップブランドのポジションを獲得しライバルと比べ優位販売を行っている。

（3）経営者としてのネットワーク構築

　強みとして見逃せないのは、春幸氏の人的ネットワーク構築能力である。大学在学中から国内外のナーセリーを訪れ、人的ネットワークを形成してきた。また、就農後まもなく、アメリカ・イリノイ州の会社からカトレアの最新品種を導入したり、カルフォルニア州のマツイナーセリーを視察してファレノプシスの導入についてヒントを得るなどしている。現在も、ラン研究会などの活動によって育種資源や新品種の情報交換を常に行い、新商品開発力につなげている。さらに、コロナ禍においては、同業他社よりも積極的な経営展開が関係者の目に留まり、情報が集まりやすくなるという好循環も生まれている。

　これらとは別に、高校時代の同級生とのネットワークも経営戦略を構想していく上で大きな役割を果たしている。同級生に農業関係者はいないため、異業種交流の意味合いもある。

　このように、春幸氏の行動力、ネットワーク形成力が情報収集に有効に作用し、経営成長に寄与している。

2）座間洋らんセンターの成功要因

　経営展開にあたって、重要な局面をいくつか取り上げ、その要因を整理する。

（1）カトレアからファレノプシスへの品目転換

　春幸氏は、東京農業大学卒業後アメリカに渡り、葬儀需要のカトレアの最新品種をイリノイ州の会社から導入したが、その際に訪れたカルフォルニア・サリナスのナーセリーで、カトレアの需要減退とファレノプシス需要の増大を知り、日本でも同様の事態になると予期した。そして、帰国後にカトレアからファレノプシスへ、330㎡から計画的に拡大し、13年かけて4,000㎡まで拡大した。これは、市場における自社の製品を位置付け、他社製品との差別化を図る**ポジショニング戦略**[8]の一環と言える。

（2）ファレノプシスにおける LED 補光技術の共同研究・実用化

　2012年、座間洋らんセンターの東側に高層物流センターが建設され、朝8時過ぎまで日光が当たらなくなった。この事態に対処すべく、出身研究室である東京農業大学農学部の雨木教授に相談し、当時研究が進んでいたファレノプシスの LED 補光技術の開発・実用化に取り組むこととなった。東京農業大学・スタンレー電気（株）との連携研究・開発の結果、一層の高品質化が可能となり、世界らん展日本大賞や農林水産大臣賞などの受賞を導く大きな要因となった。

（3）ミディファレノプシスから大輪ファレノプシスへの転換

　春幸氏は、330㎡でファレノプシス栽培をスタートする際、ニッチ需要である「変わり花」に特化した。2009年に「世界初チョコレート色のファレノプシス」というキャッチコピーで販売した「チョコレートパール」が農林水産大臣賞ジャパンフラワーセレクションで各賞を受賞したことを契機に、マーケットでの認知・シェアを高めていった。そして、LED 補光技術を強みに徐々にスタンダード種の

8)：業界内における自社のブランドや商品・サービスの立ち位置（ポジション）を確立させて、ユーザーにとってナンバーワン・オンリーワンの存在になるための戦略。
　https://www.shopowner-support.net/glossary/position/

白大輪に栽培品種をスライドしていった。2016年以降、白大輪ファレノプシス「ザ・プレミアムホワイト」で農林水産大臣賞を複数回に渡り受賞したことで、マーケットでのポジションは盤石となった。これは、競争相手の少ない分野でオンリーワンのポジショニングを獲得するもので、やはり**ポジショニング戦略**の一環とでして評価できる。

3）座間洋らんセンターの将来戦略

最後に、座間洋らんセンターの将来戦略を見ていこう。

第1に、利益率向上のためのBtoC販売のさらなる強化が挙げられる。ECサイトの改善、会社ロゴを含めた**リブランディング**[9]、マーケティングストーリーの再構築を行うことなどがある。併せてSNS等での情報発信を強化し、モノではなくコトを売るファンビジネス化を進める。

第2に、各作業の標準化を行い、生産効率をさらに向上させるとともに、新人教育の短期化を図る。すでにトヨタ自動車との取組みをスタートしており、組織としてノウハウ共有を目指す。また、従業員内の正社員比率を高め、年間を通して優秀な労働力の均一化と、責任者を各段階に置くことで、権限委譲と意思決定のスピードアップを図る。

第3に、ファレノプシス業界の問題である、鑑賞後の後片付けや回収の要望に対して、持続可能な解決方法を確立することが挙げられる。具体的には、回収・処分（焼却）ではなく、分別・リユース＆緑肥化することなどがある。環境問題に意識した活動を付加価値とし、ブランディング強化にも活用するとともに、SDGsの実現にも貢献する。

第4に、育種、新商品開発を進め、付加価値を有するオリジナル商品数を拡充する。品種開発は、座間洋らんセンターの新たなビジネスの柱として位置付けられており、これまでの品種開発の取り組みが、今後**パテント**[10]収入などの形で結実することも期待される。

【参考情報】

東京農大経営者フォーラム2022　東京農大経営者大賞記念講演
有限会社座間洋らんセンター代表取締役　加藤春幸氏

当社は、両親が農家の二代目として43年前に洋蘭栽培をスタートさせたのがはじまりです。高校3年生の時、農業新聞で洋蘭の品種改良をされて大成功されている方の記事を見て、僕も人生を蘭に懸けようと東京農業大学に進路をかえ入学しました。卒業した後はすぐに家業を継ぎ就農し、2004年に法人化し、第18期を終え19期目に入りますが、耕地面積は変わらずに売上は5倍、そして雇用は6倍に増やすことができました。

その土台となったのはこの東京農業大学での学びです。恩師である農学部の雨木若慶教授、そして、

---

9)：企業やブランド、商品などが持つ従来の価値やイメージを、時代やニーズに合わせて再構築したり、一新することで、訴求力や競争力向上を図ること。ロゴやパッケージ、webサイトなどの視覚的なものから、企業理念やパーパス、ビジョンなどの内面的な要素など、その対象は幅広い。
　　　https://www.kokuyo-furniture.co.jp/contents/dic-rebranding.html
10)：「特許、特許権」のこと。特許とは、新規性のある高度な技術的発明をした人の出願に基づき、政府が一定期間その権利を保護すること。特許権のみならず著作権や商標権等も含めた知的財産権全般を意味することもある。
　　　https://mba.globis.ac.jp/about_mba/glossary/detail-19713.html

旧農学部の花卉学研究室、園芸バイテク学研究室の先輩たち、仲間たち、後輩たちと切磋琢磨した経験が今の経営に生かされていると思っています。この母校、東京農業大学を卒業できたことを心から誇りに思っています。

　有限会社座間洋らんセンターは神奈川県座間市にあります。1,200坪、約4,000平方メートルのガラスの温室で、洋蘭、特にファレノプシスの生産・販売・品種改良を行っています。近隣のお客様が多く、創業当時から洋蘭の専門店として生産直売を行ってきました。品種改良は在学中からやっていて、当時から洋蘭にのめり込んでいました。「湘南桜」は私が一人で品種改良し、農水省の種苗登録もした思い出の品種です。「チョコレートパール」は私がファレノプシスに参入した時に仕掛けた品種で世界初のチョコレート色の胡蝶蘭です。非常に好評を博し、農林水産大臣賞もいただきました。ジャパンフラワーセレクションという全国的な品新種のコンテストでも素晴らしい賞をいただき大ヒットしました。

　花の世界では、後継者が就農するとき、国内の篤農家のもとや海外で１、２年研修するというのが王道でした。しかし、私は在学中から名刺を持って仕事をしており、卒業後すぐに即戦力として家業にはいりました。家業に就いてみて、大学で学ぶ勉強と現場で必要な知識は全く違うということを痛感しました。そして、多くの国内外の洋蘭ナーセリーを見て歩き、独学で洋蘭の栽培、経営ノウハウやスキルを磨いていきました。そんな中、23歳の時にアメリカに行きました。当時、両親はカトレアという蘭の切り花を栽培していました。日本でもアメリカでもカトレアの需要は葬儀中心でした。しかし、その時、アメリカではカトレアの需要が大きく減っていることを知りました。オイルショック以降、アメリカの生活文化が大きく変わり、葬儀の形も変わったのです。その後、多くの国々を見る中で一つの蘭に注目しました。それが胡蝶蘭だったのです。胡蝶蘭、ファレノプシスはカトレアの半分、７年から10年で一世代進めることができます。それに、日本のお客様は胡蝶蘭のことを蘭、蘭イコール胡蝶蘭と思っていますし、欧米でもアジアでも、新興国といわれる国々でも洋蘭イコール胡蝶蘭というイメージが広がっており、マーケットは世界中にあります。

　でも、経営はじめからそんなにうまくはいきません。切り花から鉢物に転換するのは並大抵ではありませんし、両親のノウハウもありません。手探りで厳しい時代が続きました。「経営理念」も作りました。思いをこめて作りましたが、スタッフには伝わりませんでした。もっとシンプルにわかりやすく伝わるようにと、経営理念、使命を、歌で「私たちの仕事」という形にまとめました。「蘭」と書いて「はな」と読むのですが、「蘭の数だけ、笑顔がある　蘭の数だけ、和みがある　蘭の数だけ、幸せがある　そんな蘭を咲かせ、届けることが座間洋らんセンターの仕事です」というものです。胡蝶蘭という花は、その多くがプレゼントです。誰かの思いを花に乗せて、うれしい時にはそのうれしさがもっとうれしくなるように、悲しい時はその悲しみが少しでも和らぐように、そして何より、すべての花が誰かの幸せを願って贈られる。そんな花を咲かせ届けること、どんな作業もすべては一つの花をお客さんに届け、誰かを幸せにする仕事につながっている。この原点を詞にしてスタッフたちに配ると、スタッフたちが変わりました。自慢の素晴らしいスタッフはこの歌をきっかけに成長してくれました。そして、この歌によって何より大きく変わったのは私自身でした。私の座右の銘は「百術不如一誠（ひゃくじゅついっせいにしかず）」という、中国の故事にある言葉です。百の戦略や戦術も、揺るぎない一つの志にはかなわないという意味です。私も様々な経営理論を学び自分の経営に落とし込んでいきました。しかし、どんな戦略も、どんな戦術も、私たちの仕事に対する信念、志を越えることは絶対にできません。これからもこの志を、経営を進めるうえで大切にしていきたいと思います。

　コロナ禍では花業界に強い向かい風が吹いています。そんな中でもおかげさまでこの数年で大きく成長していますが、これまで実は裏では毎年大ピンチの連続でした。

　父は病気のため実質的にははやくに経営を引退しましたが、そんな父の病気が発覚した後の2011年、東日本大震災が発生しました。直接の被害はありませんでしたが、様々な混乱が起こりました。大変だと思っている矢先に、今度は落雷で温室400坪が燃えてしまいました。建物や資材はもとより、品種改良してきた親株たちがすべて燃えてしまいました。そんな中、東京農業大学で一緒に学んだ仲間たちがすぐに駆けつけてくれて、励ましてくれて、本当に力をもらいました。大借金をして事業を立て直しました。

　その後、外資系のスーパーがすぐ横にできて大渋滞が日常化してしまい、お客さんが来づらくなってしまいました。その時に、直売から「外に売る」という販売に転換しました。また、そのすぐ後に、今度は温室の東側のすぐ横に大型の物流センターができ、朝8時まで朝日が当たらなくなり、よい花が咲かなくなりました。神奈川県の改良普及員の方から、「もしかすると何とかなるかもしれない。アポの取れない、すごい大学の先生がいるから、ぜひ紹介するよ。」というお話をいただき、会いに行ったのが、実は私の恩師の雨木教授でした。向こうは向こうで私のことを、神奈川ですごくやる気のある生産者がいるから、ぜひ相談に乗ってあげてくれと紹介されて、会ったらおまえだったというのが、今では笑い話になっています。雨木先生と、車のＬＥＤを作っているスタンレー電気（株）という企業との3者での共同研究が始まり、今では大半の温室をＬＥＤにしています。研究としても高く評価していただき、国際園芸学会のポスター発表でも発表者の一人として名前を入れていただいたことは今でも私の宝物です。今、世界で最もいい胡蝶蘭が作れる場所は日本の神奈川県の座間市。その環境を人工的に作り出しています。ＬＥＤによる栽培方法は特許を取り、権利はスタンレー電気がもっていますが、開発者として東京農業大学と私の名前も入れていただきました。ピンチはチャンス。「どんなピンチもチャンスに変える。」これが加藤家の新しい家訓となりました。

　通常、胡蝶蘭は三本立てが一般的です。1本に10輪から15輪というのがスタンダードですが、私は1本が33輪から35輪、3本足して100輪という、考えられないような胡蝶蘭を作って世界を驚かせました。

　毎年2月に世界らん展という洋蘭の世界大会があります。1998年、東京農業大学の合格発表を見て、その足で内覧会が行われていた東京ドームに向かいました。その時、チャンピオンだった花は白い、長い胡蝶蘭の二本立てでした。それを見て、「絶対にこの東京ドームの中心に自分の花を立たせる」と胸に決めました。この世界らん展は、1番になると副賞でメルセデス・ベンツの車がもらえます。「僕はベンツをとる」と言うと「何をバカなことを」とずっと言われました。しかし、そこから17年後、私は夢を叶えました。ＬＥＤや、今まで磨いてきた栽培技術が基になっているのは確かですが、常日頃から「絶対に僕はこれを叶える」と言い続けたことが勝因だと考えています。蘭の神様は、その後、素晴らしいご褒美をくれました。世界の蘭の歴史に残るような方々から祝福の連絡が来ました。会場では20万人以上の人が私の花を見て、カメラやスマートフォンで「わあ、すごい」「わあ、奇麗」と感嘆の声を上げながら写真を撮って、そして、世界にＳＮＳで発信してくれました。この賞で私がもらった一番のご褒美は、花は人を幸せにできる、人を笑顔にできるんだということを実感したことです。

　そして、その世界チャンピオンになると、もっともっと大きな挑戦ができるようになりました。世界的なアート集団である「チームラボ」と一緒になって、1万3,000株の洋蘭を宙に吊って作品を作

り鑑賞してもらっています。私は蘭のプロフェッショナルとして花の供給とアドバイザーという形でかかわっています。トヨタ自動車とは、施設園芸にもトヨタ生産方式を導入しようと挑戦し、今年で3年目に突入します。職人肌の技術を見える化して、標準化しようという試みです。ますます大変になる雇用に対応するためです。

　どんどん挑戦していますが失敗が大半です。でも、この姿勢はおそらく変わらないと思います。研究室の代々の先輩が後輩たちに言っていたチャールズ・ダーウィンの言葉「最も強い者が生き残るのではなく、最も賢い者が生き残るのでもない。唯一生き残るのは、変化する者である」。これを経営でいうと、どんなに強いシェアを持っている者であっても、いつか環境の変化でいなくなってしまう。経営の世界でも同じことがいえると思います。だから、私はこれからも挑戦し続けます。今は胡蝶蘭で頑張っていますが、新しい部門への挑戦も続けます。私が卒業する時に研究室の卒業文集に書いた言葉は、「洋蘭一本、夢一本、ロマン一筋　加藤春幸」。これからもこの精神で若手生産者として、若手経営者として挑戦することをあきらめないで、どんどん挑戦していこうと思っています。

【参考文献・ウエブページ】

［1］農耕と園芸 online カルチベ（2021），カルチベ市場動向【関東　鉢物】コチョウラン鉢物について（2021 年 10 月 15 公開）https://karuchibe.jp/read/15670/（2023 年 11 月 10 日確認）

［2］農耕と園芸 online カルチベ（2023），カルチベ市場動向【関東　切り花】コチョウラン（2023 年 3 月 16 日公開）https://karuchibe.jp/read/17407/（2023 年 11 月 10 日確認）

［3］Web カタログギフト OfficeGift（2023），【胡蝶蘭の種類】大きさや色、品種による違い、贈るシーンによって選ぶべき種類の注意点を紹介（2023 年 8 月 30 日公開）
https://www.officegift.jp/column/detail23178.html（2023 年 11 月 10 日確認）

［4］宇田明の『もう少しだけ言います』「激減したシンビジウムとデンドロビウムの消費を回復させるには」（2019 年 3 月 3 日公開）https://ameblo.jp/awaji-u/entry-12444035829.html（2023 年 11 月 10 日確認）

謝辞：本章第 2 節の執筆にあたっては、滝沢昌道氏（元東京都）に有益な示唆を頂いた。記して謝したい。

第3章

高品質コーヒーの市場創造によるニッチマーケットの開拓者
－株式会社堀口珈琲 堀口俊英氏－

大江靖雄・山田崇裕・木原高治

1．はじめに

　我が国のコーヒー業界は、1980年代以降、かつて街中に数多く存在してた個人・家族営業の喫茶店が減少し、大手のコーヒーチェーン店が台頭することで、その主役が大きく交代してきた。そうした状況の中で、大手コーヒーチェーンとの差別化を当初から明確に意識して、高品質コーヒーであるスペシャルティコーヒー市場をいち早く開拓し、市場創造を行ってきた事業者も存在している。

　これまで、コーヒーに関する既往文献では、コーヒーの歴史や文化、コーヒーのおいしさに関する啓蒙書（旦部、2016・2017）、コーヒーに関する自家焙煎と開店までの知識を整理したもの（中野、2001）などがあるが、コーヒービジネスに関する経営展開に関する考察などは、十分な研究蓄積があるとは言いがたい。特に、本章で取り上げるスペシャルティコーヒーに関しては、堀口俊英氏の解説書（堀口、2010・2023）があるものの、経営展開や経営活動についての考察は、下口ら（2023）の成果を除いて、十分な研究の蓄積がなされていない。

　そこで、本章ではコーヒー業界における**ニッチマーケット**[1]であるスペシャルティコーヒーの市場創造のケースについて、株式会社堀口珈琲（以降、堀口珈琲と略記）の創業者で現会長の堀口俊英氏を取り上げ、聞き取り調査や関連文献資料などを基に、その経営展開過程の分析を通して経営的特質を考察する。

2．我が国のコーヒー市場の動向

　まず、我が国のコーヒー市場の概要とその動向について、みてみよう。**図3－1**はコーヒーの国内消費量の推移を示している。それによると、1996年代から2010年代にかけて、その消費量は緩やかな増加傾向を示し、コロナ禍前の2017年46万5,000トン、2018年47万トンと45万トンレベルを越えピークを記録した。その後のコロナ禍の発生による家庭外消費量の減少などから、減少し45万トンを下回ったものの、2022年では回復の傾向が示されている。その**生豆**[2]輸入量については、同期間で2000年代まで増加傾向にあったが、その後40万から45万トンの間で推移している。製品輸入量（生豆換算）については、2010年代までは5万トンを下回っていたが、2010年代中盤以降では5万トンを越えている（**図3－2**）。

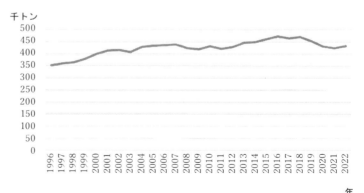

図3－1　国内消費量の推移

出所：全日本コーヒー協会『日本のコーヒー需給表』

1）：ニッチ市場（niche market）とも呼ばれ、事業機会の見落とされた、比較的規模の小さい隙間市場を指す。
2）：焙煎前のコーヒー豆の状態であり、コーヒーの実を精製加工して得られる種子を指す。

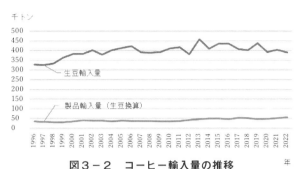

図３−２　コーヒー輸入量の推移
出所：全日本コーヒー協会『日本のコーヒー需給表』

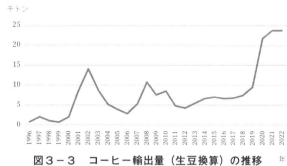

図３−３　コーヒー輸出量（生豆換算）の推移
出所：全日本コーヒー協会『日本のコーヒー需給表』

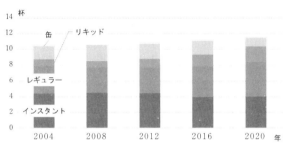

図３−４　タイプ別　１人１週間当たり杯数
出所：全日本コーヒー協会『日本のコーヒーの飲用状況』

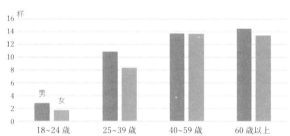

図３−５　年齢別　１人１週間当たり杯数
出所：全日本コーヒー協会『日本のコーヒーの飲用状況』2020 年

　興味深いのは、コーヒー輸出量（生豆換算）がコロナ禍の 2020 年と 2021 年で大きく増加していることである（**図３−３**）。そして、2022 年には横ばいとなっている。コロナ禍の国内市場縮小への対応策ということが推察されるが、今後コーヒー輸出が恒常化していくのかについては、海外市場の開拓努力が必要であることから、今後の動向を注視していく必要があろう。

　次にコーヒーの消費動向についてみてみよう。コーヒーのタイプごとの消費量（杯）の動向について１人１週間当たりの杯数では、2004 年から 2020 年の間で微増して 12 杯に近づいている（**図３−４**）。タイプ別では、2004 年にインスタント、次いでレギュラーの順であったが、その後レギュラーの消費量の増加とインスタントの減少で、2016 年には、両者の順位が逆転し、レギュラー、次いでインスタント、缶の順となっている。消費者のより質を求める選好の結果といえる。

　年代別・男女別の消費量は**図３−５**のとおりである。25 歳未満の消費量が少ないのに対して、40歳以上の中高年世代の消費量が多くなっている。男女別では 40 歳未満では、男性の消費量が多いのに対して、中高年世代ではほぼ拮抗している。つまり、コーヒーは中高年世代に特に愛される嗜好品ということができる。

　次にコーヒーの飲用場所別の杯数（１人１週間当たり）でみると、家庭での消費が全体の６割以上を占めていたが、2020 年にはコロナ禍のテレワーク等の普及で、家庭内消費が増えて、職場・学校での消費が減少している（**図３−６**）。両者を合わせると９割程度に達している。テレワークから通常の勤務形態への戻りもあり、家庭から職場・学校への戻りが一定程度あると考えられる。これに対して、喫茶店・コーヒーショップやレストラン、ファーストフード店での消費は、マージナルな消費形態ということが理解できる。

喫茶店の事業所数は、1980年に15万件を越えてピークに達して以降、減少を続けており、2020年には6万件を下回るまでになっている（**図3－7**）。それに加えて、喫茶店は個人営業のタイプが減少して、大手のチェーン店が増加していることは、周知のとおりである。

以上、我が国のコーヒー市場の動向を概観してきた。海外への輸出については、今後の市場拡大を視野に入れた戦略的な取り組みが必要と考える。スペシャルティコーヒーの流通量について、**日本スペシャルティコーヒー協会（SCAJ）**[3]の会員聞き取り調査では、2016年8.2%、2018年11%、2020年12.4%と増加している。ただし、2022年は生豆価格の高騰および円安の影響が推測され10.2%とやや減少している。

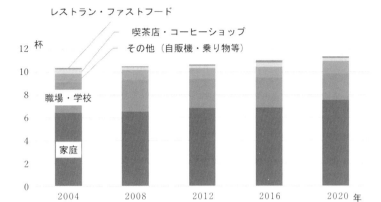

図3－6　飲用場所別　1人1週間当たり杯数

出所：全日本コーヒー協会『日本のコーヒーの飲用状況』

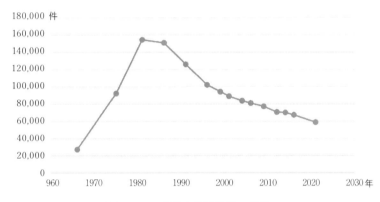

図3－7　喫茶店事業所数の推移

出所：全日本コーヒー協会『喫茶店の事業所数及び従業員数』

3．コーヒーのグレードとスペシャルティコーヒーの特徴

スペシャルティコーヒーについては、下口ら（2023）で解説されているため、詳しい説明はそちらに譲り、本稿では堀口珈琲のケーススタディを理解するために必要な事項について簡単に説明を加えるにとどめることにする。

コーヒーのグレードに関する簡易な区分は、ピラミッド図（**図3－8**）で示すとおりで、4段階に区分されている（堀口、2005、p.22）。最上のコーヒーがスペシャルティコーヒーで、その下にプレミアムコーヒー、そしてコモディティコーヒー、最後がローグレードコーヒーで主に**ロブスタ種**[4]となる。ローグレードコーヒーは、安いレギュラーコーヒー、インスタント、缶コーヒーなどに使用されている。

3）：SCAJ（Specialty Coffee Association of JAPAN）は、2003年に設立された。スペシャルティコーヒーに対する日本の消費者の理解を深めること、日本の「コーヒー文化」のさらなる醸成、世界のスペシャルティコーヒー運動への貢献、およびコーヒー生産国の自然環境や生活レベルの向上を図っていくことを活動の基本構想としている。

4）：西アフリカ地域原産のアラビカ種と並ぶ2大種のひとつであり、世界のコーヒー産出量の45%を占める。ロブスタ種はカネフォーラ種の1つであるが、カネフォーラ種そのものをロブスタ種と呼ぶ場合もある。耐病性に優れ、標高が低い場所でも栽培することができ収穫量が多いが、風味はアラビカ種に劣り、価格も安い。

その1段階上のコモディティコーヒーは、汎用品として多く消費されている。グアテマラSHB、コロンビアSP、ブラジルNo.2など標高、豆の大きさ、欠点豆の数などで格付けされた豆で、国際市場で基準となるニューヨークの相場辺りの価格豆とされる。プレミアムコーヒーは、グアテマラの**アンティグア**[5]などの地域特性などで差別化された豆であり、ニューヨークの相場よりやや価格の高いコーヒーが該当する。そして、最上級のスペシャルティコーヒーは、**アメリカスペシャルティコーヒー協会（SCAA）**[6]の官能評価基準で80点以上をとり、生産履歴などが明らかなコーヒーで（堀口、2005）、多くの場合、生豆価格はプレミアムコーヒーより高い。日本スペシャルティコーヒー協会の定義では、カップのコーヒーの風味がすばらしい美味しさであることと、コーヒーの豆からカップまでのすべての段階で、一貫した体制・工程・品質管理がなされていることと定義されている（堀口、2023、p.77）。

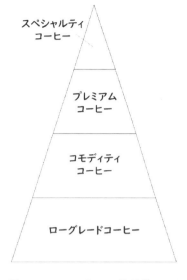

図3−8　コーヒーの簡易グレード

出所：堀口俊英 (2010) より著者作成

4．高品質コーヒーの市場創造とその拡大：市場均衡モデルでの考察

　市場創造は、製品イノベーション（product innovation）から始まる。イノベーションは、通常これまでにない製品を新たに生み出す「製品イノベーション」と、製品自体は変わらないものの、その製品の生産工程で生じる技術革新の「工程イノベーション（process innovation）」の2つのタイプがある。工程イノベーションの例を、農業生産を例に取り、稲作の手植えから田植機の導入による作業効率の格段の向上を挙げることができる。また、同様に稲作収穫作業も、かつては手刈りであったが、自動脱穀型のコンバイン（自脱型コンバイン）の登場で、大きく作業効率が向上した。こうした農業機械化は、いずれも工程イノベーションの好例である。

　これに対して、田植機や自脱型コンバインを開発した機械メーカーにとっては、これまでにない新たな機械を開発したので、製品イノベーションということができる。

　以上から、機械メーカーにとっては製品イノベーションであったものが、農業機械を利用する稲作生産農家にとっては工程イノベーションであった。また、機械メーカーにおいても工程イノベーションでより効率的な生産が可能となり、農業機械の市場拡大に対応した。

　上記の区分を踏まえて、堀口珈琲のケースを考察してみよう。堀口珈琲は、スペシャルティコーヒーに特化することで、我が国において高品質コーヒーの市場創造を行ったといえる。この点で、製品イノベーションを引き起こしたといえる。さらに、堀口氏の起業家としての特質は、こうした製品イノ

5）：グアテマラ南部の都市であり、サカテペケス県の県都。標高約1,500mの高地に位置する。グアテマラで最初にコーヒーの栽培が行われた地域であり、最高品質のコーヒーの産地とされる。

6）：SCAA（Specialty Coffee Association of America）は、「低品質コーヒーの流通に対し、教育と情報交換を通じて素晴らしいコーヒーを育成すること」を目的として1982年に設立された。世界最大のコーヒー取引団体であり、官能評価、ロースト、抽出等の規格を設定している。

ベーションとともに、その市場拡大につなげる努力を惜しまなかったことである。販売先の組織化による市場拡大は、その好例といえる。

図3－9は、横軸に数量と縦軸に価格をとっている通常のミクロ経済学での市場均衡図である。右下がりの直線は需要曲線で、右上がりは供給曲線を示している。スペシャルティコーヒーの市場創造がなされると、その段階では、需要量・供給量ともに少なく、取引数量はまだ少ない段階にある。その時点での需要曲線 $d_0 d'_0$ と供給直線 $s_0 s'_0$ の交点 e_0 が市場均衡点となる。高品質差別化製品のため、価格は高い。この初期時点の市場規模は、$p_{sp} o q_{sp} e_0$ となる。

その後、スペシャルティコーヒーの認知度が徐々に広がることや、販売先の拡大努力により、需要が拡大することで、需要直線が右方向へシフトする（$d_0 d'_0 \rightarrow d_1 d'_1$）。それに応じた供給量の拡大により、供給曲線も右方向へシフトする（$s_0 s'_0 \rightarrow s_1 s'_1$）。その結果、市場拡大後の市場均

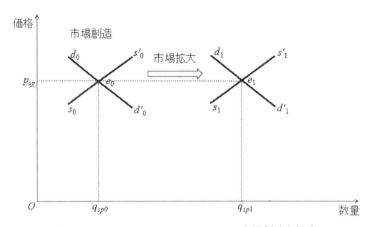

図3－9 スペシャルティコーヒーの市場創造と拡大

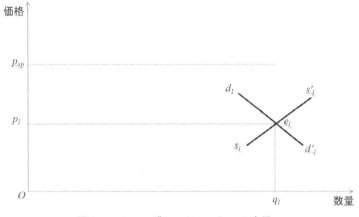

図3－10 ローグレードコーヒーの市場

衡点は e_1 となり、その場合の市場規模は $p_{sp} o q_{sp1} e_1$ となり、初期の市場均衡点の時と比較すると、$e_0 q_{sp} q_{sp1} e_1$ 拡大している。実際の市場では、コーヒーも農産物であるため、気象変動による生産量の変化が生じることは珍しいことではない。しかし、ここでは、議論を単純化するため、価格水準は一定と仮定しているが、議論の本質は変わらない。

これに対して、大量生産・大量消費の低品質のローグレードコーヒー市場は、**図3－10**で示すような状況といえる。高品質コーヒーの価格（P_{sp}）と比べて、低価格（P_l）のため、消費量は大きい。コンビニエンスストアーで販売されているコーヒーなど、手頃な値段で、値段の割には美味しいと評価され、人気のコーヒーといえる。このため、上記のスペシャルティコーヒーとは、質的に異なる市場である。

以上、スペシャルティコーヒーの市場創造とその市場拡大を概念的に考察した。次に堀口珈琲の具体的な経営展開の過程についてみていこう。

5．堀口珈琲の経営展開

1）高品質コーヒーに特化したアップマーケット（Upmarket）の開拓

　堀口珈琲は、1990年5月に東京都世田谷区に所在する小田急線千歳船橋駅前商店街の一角にて、2階20坪の決して良いとはいえない店舗条件の下、喫茶と焙煎豆販売の店として堀口氏により創業された。その後1996年に1階の現在の店舗に移っている。現在、堀口氏は3代目社長に経営を任せ、会長として経営に関わっている。同社の展開過程は、**表3－1**のとおりである。主な展開過程上のエポックを取り上げると以下のとおりである。

　まず、創業の目的は、第1に、鮮度の高い生豆を重視して、産地の個性が明確な深煎り（ロースト）を追求し、さらにロースト豆の長期保存のため冷凍保存を推奨するなど、これまでにない高品質なコーヒー豆の提供を行い、スペシャルティコーヒーを日本の消費者に提供することであった。第2に、我が国において高品質コーヒー市場を開拓することにあった。当時、我が国では伝統的な街中の喫茶店の減少に対して、大手コーヒーチェーンのカフェの増加という構造変化が生じていた。大きな市場構造の変化の時代が到来していたのである。

　折しも、アメリカでは低品質コーヒーへの批判から、同国で始まった高品質なスペシャルティコーヒーの市場拡大の動きを踏まえて、我が国でも同様にスペシャルティコーヒーの市場に注目して、高品質市場の開拓を図ろうとすることが堀口氏の狙いであった。興隆する大手コーヒーチェーンのカフェに対して高品質化することで、新機軸を打ち出して差別化を図り、スペシャルティコーヒー市場の拡大を図ろうとする戦略であった。

　その経営戦略と、創業者と従業員および関係者の努力が結実し、同社が成長することで、着実に我が国におけるスペシャルティコーヒー市場の拡大に貢献してきたということができる。

　では、同社はどのようにして高品質を担保してきたのであろうか。その点を次にみてみよう。創業後、1996年に現在の場所にスペースが空いたため、移転して、「有限会社珈琲工房ホリグチ」と名称を定め、

写真3－1　堀口珈琲世田谷店の外観（左）と店内および小売用コーヒー豆（右）

出所：左の写真は堀口珈琲インスタグラムより引用、右の写真は著者撮影（2023年10月6日）

表３－１　堀口珈琲の経営展開

年	事業・項目
1990 年	創業。新機軸（鮮度の高い生豆、産地の個性が明確な深いロースト、ロースト豆の冷凍保存など）の打ち出し。
1996 年	現在の世田谷店の場所に移転。法人化。オリジナルのケーキ・サンドイッチの開発。
1999 年	狛江店を開店。焙煎能力を増強。喫茶店・レストランからの需要増加への対応。
2000 年	『コーヒーのテースティング』（柴田書店）出版。生豆の品質や香味に着目し大きな反響を呼ぶ。
2001 年	カフェやビーンズショップの新規開業の支援を本格化。
2002 年	堀口珈琲研究所を設立。コーヒーの栽培・精製と香味の関係を研究。単一農園の生豆の調達を模索。生産国への頻繁な訪問を開始。生産者とのパートナーシップの取り組みに着手。
2003 年	東ティモールでのフェアトレードプロジェクトに参加。
2004 年	株式会社化。狛江店を現在の場所に移転。生豆の輸送に冷蔵コンテナを初めて使用。
2008 年	上原店を開店。産地を開拓し、生豆の調達を充実。
2011 年	年間に調達・使用した生豆の種類が 100 を超える。
2013 年	リブランディング。新定番ブレンド 9 種類を発売（日本橋三越本店の催事でデビュー）。世田谷店が新装開店。
2014 年	社名を「株式会社堀口珈琲」に変更。
2017 年	「堀口珈琲｜ HORIGUCHI COFFEE」ブランド初の海外店、上海店が開店。
2019 年	横浜ロースタリーが稼働開始。
2020 年	Otemachi One 店が開店。
2023 年	狛江店が新装開店。

出所：堀口珈琲ウエブページを基に著者作成

　同年には収益向上を目的にオリジナルのケーキとサンドイッチの開発に着手した。それぞれ、差別化が図れる様な工夫をこらした。具体的には、フランス菓子店と競合せず、おいしいと感じてもらえるケーキを目指し、サンドイッチは、同じ価格で他店では真似のできないおいしさを目指した。先述したとおり、店舗内には開業当初よりコーヒーを飲める様に客席を配置している。

　次第に増加するスペシャルティコーヒーへの需要に対して、大口の喫茶店やレストランなどからの業務需要が増加したため、1999 年に狛江店を開店して、焙煎能力を増強した。2000 年には、我が国のスペシャルティコーヒーのブームが起こり、社会的関心も高まってきたことから、そうしたニーズに応えるため『コーヒーのテースティング』（柴田書店）を出版した。コーヒーの生豆の品質や香味に着目したこれまでにない内容で、好評を博している。

　生豆の質は、年により変動する。そのため、高品質生豆の確保のため海外生産者から、直接買い付けを行っている。しかし、生豆の買い付けの目利き力は一朝一夕に身につくものではなく、その品質を見極めるために、繊細な感覚が求められる。的確なテイスティングの能力を身につけるには 10 年の期間を要するスキルである。さらに世界トップレベルの水準のスキルビルディングは難しい。しかし、その能力があるからスペシャルティコーヒーの市場で生き残っていけると、堀口氏は強調してい

る。さらに、海外での買い付けのためには、現地での交渉能力も必要で、このスキルビルディングもかなり難しい（**写真3－2**）。

　高品質な生豆を確保して輸入した後も、さらにもう一つ重要なスキルが必要となる。それは、高い焙煎技術である。こうした職人的な高いスキルを前提としている点が、一般のレベルとは違う高い品質のコーヒー豆を提供するために必要であると堀口氏は考えている。これは、世界中のコーヒー企業の中で生豆の争奪戦を勝ち抜く条件と考えている。そのための人材育成は不可欠の条件となる。

写真3－2　取引を行うコスタリカのコーヒー農園
出所：堀口珈琲インスタグラムより引用

　もう1つの重要なスキルとして、ブレンドスキルが挙げられる。これはブレンドにより、さらに高い価値を実現するためのスキルであり、このスキルがあれば他の企業には真似のできないレベルでの豆の提供が可能となる。

2）海外単一農園とのパートナーシップ形成と国内ネットワークの形成

　さて、また年表に戻って、その経営展開の過程をみてみよう。堀口氏は、現地でのスペシャルティコーヒーの買い付けを安定的にするためには、我が国でのスペシャルティコーヒーを提供する仲間を増やすことが必要と考え、2001年からカフェやコーヒー豆を販売するビーンズショップの新規開業の支援を本格的に行うようになる。開業者の中には、同社で従業員として上記のスキルを身につけた元社員もいる。

　これは、堀口珈琲にとっては、せっかく育成した虎の子のスキルを習得した人材の流失ということで、経営的には人的資源の損失となり痛し痒しといえる。しかし、見方を変えれば、我が国のスペシャルティコーヒー市場の拡大という点では貢献している。

　以上のように、スペシャルティコーヒーの高品質な製品を確保するには、いくつもの高度なスキルの習得が不可欠ということができる。そのスキルを整理したものが**図3－11**である。テイスティング、焙煎技術、ブレンド技術、そして英語による交渉力や現地生産者や関係者との信頼関係構築のスキルなどが、高品質コーヒーの製品を担保する**コア・コンピタンス**[7]といえる。こうした高品質を担保するスキルを維持してシステムとして発揮している点が、堀口珈琲の特徴と強みといえる。経営規模からすれば、堀口珈琲は中小規模に区分される企業であるが、上記のコア・コンピタンスで大手のチェーン店に負けない差別化に成功しているということができる。

7）：G. ハメルとC. K. プラハラードが、将来にわたり競争優位の源泉となる企業の能力として提唱した概念。具体的には、①顧客に認められる価値を作り出し高める。②他者に比べ特に優れた競争力を有する。③企業のもつスキルが新分野や新商品にどのように使用できるか、全社的視点から思考する能力を示す。

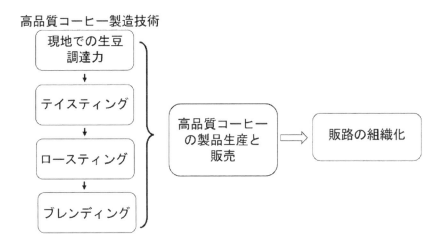

図3－11　コーヒー高品質差別化実現のスキル

出所：堀口珈琲への聴き取り調査結果から著者作成

　さて、再び年表にもどろう。2002年には珈琲研究所を設立して、コーヒーの栽培・精製および風味（香り＋五味＋テクスチャー）との研究を開始するとともに、海外のコーヒー生産者で単一農園の生豆の調達を模索して、生産国への頻繁な訪問を開始した。その目的は高品質の安定した生豆の確保のためであり、そのため生産者とのパートナーシップを形成する取組みを始めた。その背景には、日本の既存の生豆流通ルートである商社－生豆問屋－堀口珈琲という調達方式では、品質のブレが大きいと感じるようになったことを指摘できる。

　また、自社セミナーを開始し、外部のセミナー講師の担当、韓国など海外でもセミナー開催するなど、新規開業の支援活動も行うようになる。以下この点について、考察を行ってみよう。

　まず、高品質な生豆の安定的な確保は、スペシャルティコーヒーの原料調達には必要不可欠な条件である。商社や問屋の仕入れルートは伝統的なもので、スペシャルティコーヒー調達のニーズに十分応えられない流通システムであったことが、堀口が海外へ直接出かける主な原因といえる。同時に、海外調達を行うためには、一定の仕入れ量が必要であり、そのためにもスペシャルティコーヒーを扱う喫茶店仲間を増やす必要があった。2003年には日本スペシャルティコーヒー協会が設立され、堀口珈琲も会員となった。

　このように、原料調達先の単一農園と信頼関係を築いて、安定的な確保先を見いだす努力やスペシャルティコーヒーの市場の拡大のため開業支援を行うことなどの活動は、まさに市場草創の起業家としての活動ということができる。

　2003年には独立した東ティモールの復興支援のため、**フェアトレード**[8]プロジェクト活動へ参加した。

　2004年には、株式会社化し、社名を「株式会社珈琲工房HORIGUCHI」へ変更し、需要が高まる焙煎量を増やすため、新たに工場を兼務した狛江店を開設し需要増加に対応した。併せて、堀口珈琲の生豆を使用するLCF（リーディングコーヒーファミリー）という国内のスペシャルティコーヒー

8)：主に発展途上国の生産者を対象に、労働環境や生活水準を保証し、且つ自然環境にも配慮できる適正な価格で持続的取引を行うことを指す。

自家焙煎店のネットワークを構築した。海外生産地から輸入する生豆の品質保持のため、その輸送に
リーファーコンテナ（冷却装置のついたコンテナ）をはじめて使用して以降、可能な限りリーファー
コンテナでの船舶輸送を行っている。さらに、梱包資材も麻布から、より保存性の高い真空パック、
グレインプロ（穀物用袋を麻布の中に入れる）などへ、できる限り切り替えを行った。

　2008年には、上原店を開設して、海外の産地の開拓を行い、生豆調達の充実を図った。その結果、
2011年には年間の調達・使用した生豆の種類が100を超えるまでに成長した。また、LCFメンバー
店は、全国に120店となり、生豆輸入の増加とスペシャルティコーヒー市場の拡大に寄与した。こう
して、海外生産地では、同社はスペシャルティコーヒーのバイヤーとして地位を確立していった。

　2014年に会社名を「株式会社堀口珈琲」へ変更し、社名のリブランディングを行った。それに伴い、
企業ロゴマークを新たに作成し、包材、ラベルなどのすべてのデザインを一新して、製品も9種類の
新定番ブレンドへ整理統合して発売し、日本橋三越本店の催事でデビューした。これらは、焙煎度と
風味の違いで区分されている。その後も、同社は発展を続け、2017年に堀口珈琲ブランド発の海外
店として、中国本土で上海店を開店させた。

　2016年には、66歳で東京農業大学大学院農学研究科環境共生学専攻博士後期課程に入学し、コー
ヒーに関する専門的な研究を進めた結果を博士論文としてまとめて、博士号を授与されている。

　2018年に同社社長を後任に譲り、会長に就任して現在に至っている。2019年には、焙煎豆の需要
増加に伴い、これまでの狛江店の焙煎能力や保管場所、作業スペース、出荷スペースの拡大を図る必
要が生じ、横浜の倉庫に焙煎工場「堀口珈琲横浜ロースタリー」を新設した（**写真3－3**）。横浜ロー
スタリーでは、生産性・衛生面などの点で現代的な食品工場にふさわしいゾーニング、レイアウト、
設備を採用するとともに、外部からの顧客などが全工程の見学もできる構造としている。その結果、
焙煎豆の品質や風味・食品衛生の点で格段に向上し、需要の増大に余裕をもって対応できる供給体制
が整備された（**図3－12**）。これは、そうしたハードウエアの能力を十分発揮させることができる人
材を育成してきたこその結果といえる。

　以上の経営の展開過程を踏まえて、以下では同社の経営的な特質を整理しておこう。こうした取り
組みは、市場の創造・拡大活動ということができる。

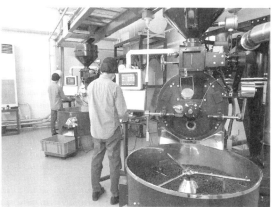

写真3－3　横浜ロースタリーの外観（左）と焙煎の様子（右）

出所：左の写真は堀口珈琲ウエブページ、右の写真は堀口珈琲インスタグラムより引用

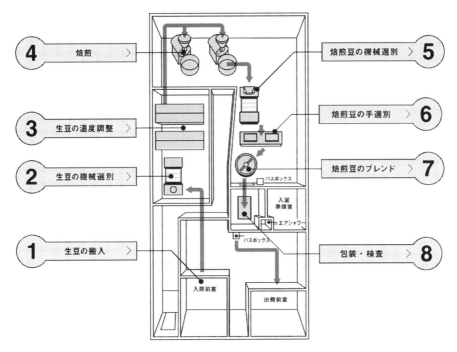

図３−12　横浜ロースタリーにおける工程

出所：堀口珈琲ウェブページより引用

６．総合的考察

　堀口珈琲の第１の経営的特質は、高品質コーヒーに徹底的にこだわった差別化戦略である。スペシャルティコーヒーは、高品質ニッチマーケットであることから、その高い品質が製品の特質でありかつセールスポイントである。そして、その製品の高品質差別化のために、いくつものスキルが必要となる。具体的には、現地での高品質生豆生産者の選定とパートナーシップ形成に当り、海外のバイヤーとの競争下で必要となる交渉のためのテイスティングおよび交渉力・信頼構築力、生豆の安定的確保、品質の低下を防ぐ生豆の日本への輸送、国内での焙煎、そしてブレンドなど、安定的な供給体制を確立するための多様なスキルとノウハウの蓄積が必要であり、そのために長期的な視点での人材育成が必要である。

　第２に、必要なスキルは高品質の製品を生産する高い技術力に限らない点が挙げられる。高品質の製品を生み出しても、その需要がなければ経営として、成立しないし成長も見込めない。堀口珈琲の優れた点は、販路の拡大を自らが主導して、LCF として堀口珈琲の生豆を使用する国内販売先の自家焙煎珈琲店の組織化を行ったことである。この組織化が、現地生産者に対して、同社の交渉力を高めて、安定的な生豆の確保と市場の拡大の要因ともなっている。こうした組織化により、高品質コーヒーの普及拡大に貢献したといえる。高い供給技術の保有に裏付けられた原料調達、加工、そして販売までの垂直的統合化が、他からの新規参入を難くして、同社の高品質差別化と独自性を確保して、経営の安定性に貢献することになっている。

　中小企業において経営の継承問題は重要な課題である。現在は３代目社長に事業は引き継がれてい

る。大企業と異なり、中小企業は人材不足であるため、たたき上げの人材は急速な時代の変化に対処できないと考えている。中小企業である堀口珈琲にとって、製品に関する上記スキルの育成は長期的に可能であっても、経営感覚については最初から育成することは難しい。このため、外部からビジネス感覚に優れた人材をリクルートし、社長候補として育成している。3代目社長の選出は、2代目社長と堀口氏の合議で行った。このように、後継者に同族や従業員・外部人材というこだわりはなく、第1に経営能力に優れた人材を選ぶことを優先して経営継承を行っている。

併設の珈琲研究所は、新たな生豆の焙煎やブレンドに関する研究や、コーヒー愛好家を対象にした研修会、開業に関するコンサルティングを行い、スペシャルティコーヒーに関する需要面および供給面から市場拡大を図るための製品開発の研究、消費者教育、開業支援など研究・普及・経営支援の活動を行っている。

7．むすび

本章では、高品質コーヒーであるスペシャルティコーヒーに関して、我が国においてその市場開拓の先駆者である堀口珈琲を取り上げて、その経営展開過程や経営活動の特質を考察した。同社は、大手コーヒーチェーン店の拡大トレンドの下で、高品質コーヒーに特化して差別化することで、市場開拓と経営の独自性を維持してきた。しかし、そのクオリティを実現するためには、テイスティング、焙煎、ブレンディング、高品質生豆の現地生産者との交渉や信頼関係の構築、輸送手段、国内におけるスペシャルティコーヒー市場の拡大などの課題が存在している。それらの原料調達面の課題、技術的課題、市場的課題を克服して、その市場開拓と拡大に貢献してきた。

以上のように、堀口珈琲の事例は、市場創造のイノベーションを実現する過程であったということができる。その実現のためには、システムとしての高品質製品を生み出す高い技術を保有する人材の育成を行ない、生豆の確保から販売先の確保まで**垂直的な統合化**[9]を図りながら、世界的にもトップレベルの高品質コーヒーを製品として提供し続けることで市場の創造と拡大を牽引してきたといえる。

最後に、コーヒー業界の課題を展望しておきたい。まず、供給面では地球温暖化による高品質コーヒーの生産の不安定性が増すことが予想される。また、需要面では開発途上国や中国・ブラジルなどの人口規模の大きい国でのコーヒー需要の増加である。こうした供給と需要の両面の要因から、需給バランスが崩れることで、コーヒー価格の高騰も予想される。高品質生豆の確保に関して世界的な競争状況が激しくなることが予想される。

また、高品質コーヒーの評価基準も必ずしも統一されているわけではなく、誰もが納得できる明確な基準の設定に関して、今後議論や技術的な研究が進むことになると考えられる。

---

9)：垂直的統合、垂直統合とも呼ばれ、企業（あるいは企業グループ）が従来の生産段階よりも前あるいは後の段階（例えば、加工、流通、販売、サービス）を自社またはグループ内で展開することを指す。

【参考情報】

東京農大経営者フォーラム 2022　東京農大経営者大賞受賞記念講演
株式会社堀口珈琲代表取締役会長　堀口俊英氏

　東京農大経営者大賞という名誉ある賞を受賞できましたこと、大変うれしく思っております。関係各位に厚く御礼申し上げます。ありがとうございました。

　さて、私は、1990 年に現在の会社を創業しました。直近の売り上げは約 10 億円、焙煎会社としては比較的小さな会社ですが、個性のある会社だと思っています。その後、本学大学院に進学し 2019 年に学位を取得、現在も国際食農科学科食環境科学研究室の古庄先生の下で研究を続けております。

　さて、本日のテーマですけれども、私どもが、①おいしさの追求とスペシャルティコーヒーに特化してきたこと、②生豆のバイヤーとしてのポジションを確立してきたこと、③フレンチロースト、深い焙煎のコーヒーを作りたいということ、そして、④オリジナルのブレンドを作っていこうということ、こういうスキルを前提に、⑤「変革と出店」を繰り返し新しい展開を追求してきたことについてお話をしたいと思います。

　1990 年に小田急線千歳船橋駅のすぐ近くに喫茶店を開業しました。当時はバブル崩壊前で景気が良く、店舗物件が全くない時代でしたが、喫茶店は年間 3,000 店も廃業しており、魅力のない業態でした。そこで、家庭用と店舗用に豆を販売し、喫茶も加えるという 3 つの業態で事業を展開しました。その後、卸売も行うために狛江に出店し、2004 年には同市内の別の場所に移転し、20kg と 10kg 釜の焙煎機を設置して業務用コーヒーの焙煎を始めました。

　事業の基本的なコンセプトは単純に、「おいしいコーヒー」としました。店頭で豆は売れたのですが、初めの 10 年間は「おいしいコーヒー」とは何か全くわからないままでした。最終的にコーヒーは農業と科学だろうと考えるようになり、2002 年に堀口珈琲研究所を別枠で設立し、コーヒーセミナーを行い、ファンづくりをしてきました。2000 年に入ると、喫茶店に代わり「カフェ」という業態が生まれはじめ、自家焙煎店という業態に関心が寄せられました。しかし、そのノウハウを持っている人がほとんどいなかったので、そのノウハウを教えることで更なるファンづくりをしてきました。もう 1 つは、メディアとの関係を構築していったということです。知名度を広げるため、積極的にメディアの取材を受けるようにすると、次第に本の出版という話も飛び込んでくるようになり、これまで 10 冊以上を出版し、現在 2 冊を執筆中です。

　こうした時代を経ながら、2000 年になりコーヒー業界に劇的な変化が起きます。アメリカスペシャルティコーヒー協会（SCAA）が生豆の鑑定法を公にしました。コーヒーでは官能評価を「カッピング」と呼びます（私は「テイスティング」という言い方をします）が、いわゆる科学的な基準で味を見ていこう、世界共通の基準で欠点豆を見ていこうという提案があり、これが急速に広まりました。今まで各生産国が勝手に決めていたことを、「みんな一緒に官能評価を行い、きちんと良し悪しを見ていこう」という、非常に画期的な提案でした。この時に私は、スペシャルティコーヒーの世界に行ったほうがいいだろうと、当然思ったわけです。もう 1 つはサステナブルなことです。コーヒーは基本的には環境問題とか人権問題に関わっているので、認証団体が有機栽培やフェアトレードなどのコーヒーの認証をしていますが、そこにも興味を惹かれました。

　スペシャルティコーヒーとは何かというと、①生産履歴が明確である、②小ロットの栽培である、③精製から丁寧な加工をしている、④生産地の生み出す風味特製がある、⑤その土地の土壌、気候が生み出す特別な個性があるものを指し、SCAA の官能評価では、80 点以上のスコアが付いたものがスペシャルティコーヒーとして認められるという方向に動いてきました。私どもでは、基本的にはスペシャルティの概念よりも良いコーヒーに特化した会社にしようという思いから、高品質のコーヒーだけを扱い、一般的な商品は一切扱わないことにしました。

　このように私達は生豆の品質がおいしさの原点だということに気がつき、2008 年には上原店を開店して生豆の調達及び LCF（私達が生豆を販売しているグループ）の運営を始めました。生豆の調達について一番初めに考えたことは、農園とのパートナーシップ、要するに、「一緒に成長していこう、一緒に良いものを作っていこう」ということです。もっともこの時はそういった価値観があまりなかった時代ですので、「ずっと長い間買いますからこのコーヒーを売ってください」というところからスタートしました。紆余曲折を乗り越え、現在では 10 年ないし 20 年継続して調達している農園がたくさんあります。また、海外の輸出会社、エクスポーターとのパートナーシップ、そして、輸入会社とのパートナーシップも重要視しています。

　さて、コーヒーをセレクションするには、カッピング（テイスティング）のスキルが必要になります。一般的には風味の良し悪しを見ればよいのですが、それがなかなか難しいのです。私達のテイスティングは、まずこの生豆はどのくらい鮮度が持つのかということを見ていきます。次に、ミディアムローストしかできないのか、深いフレンチローストの焙煎もできるのか、という焙煎の程度を見ていきます。そして、もう 1 つは、いつ頃に味のピークが来て落ちていくのかを見ていきます。これはかなり難しいテイスティングスキルですが、85 点以上のスペシャルティコーヒーを探して調達をしてきました。

　当然、品質のクオリティを追求していますので、生豆の輸入の際にも、基本的にはバキュームパック、真空パックができる場合は必ず真空パックにしました。真空パックができない場合は、グレインプロといって、穀物用の袋に入れて麻袋で補強しました。そして、リーファーコンテナ、低温度コンテナがある場合は必ず低温度コンテナを使用しました。低温のコンテナは 15℃でコントロールして、低温倉庫も 15℃でコントロールしていきます。生豆の輸入に関しては、バキュームパックにして、リーファーコンテナで低温倉庫に入れておけば 1 年は何とか持ちます。

　私達が使いたいコーヒー豆を世界中から買い集めるためには、私達が積極的に消費していかなければならないので、全国 120 軒のメンバーで構成する LCF というグループを作っています。なかには成長しているメンバーもいますので、1 カ月に 1 トン、さらに 2 トン使用する自家焙煎店も増えてきており、生豆の使用量はどんどん増えています。これ以上増えてしまうと、今度は在庫コントロールとか配送ができなくなってしまいます。

　LCF では、良いコーヒーをとにかく一緒に使いましょうということが第 1 の条件です。もう 1 つの条件は、メンバーは絶対にほかの生豆の会社からは買わないことです。この条件で成り立っています。したがって、私達としてもそれだけ高品質のコーヒーを調達しなければなりません。また、社員もこれまで十数名が独立し、それぞれでお店を開いています。

　もう 1 つの大きな特色として、私達はフレンチローストのコーヒーを作るためにこの仕事を始めたことです。日本の市場は 99％がミディアムロースト（浅い焙煎）でしたが、コーヒーのおいしさは、焙煎の深いところにあるということをお伝えしたくて深煎り（ロースト）の豆を販売してきました。

　「変革と出店」と書きましたが、2013年にリブランディングしました。先ほど表彰を代わって受けてもらった伊藤らを中心に、「THE NEW COFFEE CLASSIC」、新しいコーヒーの伝統的な味を作っていこうとロゴマークも全部かえ、パッケージもすべてかえました。もう１つ、ここでやった大きなことは、９種類のブレンドを自社で独自に作ったことです。どことどこの国のコーヒーをブレンドするという作り方は一切せず、味を基準に作っています。９種類のブレンドを作ることはかなり難しいことで、10年が経ちますが真似している会社や人はほとんどいないと思います。

　また、2017年に上海店ができ、韓国の太田広域市にcornerstone・Hという、堀口珈琲を扱ってくれる店が１軒できました。2019年には横浜ロースタリーを新設しています。これは生豆を保管している横浜の港湾倉庫に近い所になります。主に伊藤らが中心に関わっていますが、クオリティコントロールにかなり注力しています。一般公開していますので、皆さんも見学に来ていただきたいと思います。2020年には大手町の三井物産本社ビルの１階に、セルフサービス専門の店を出店しました。

　今後の事業承継についてですが、2010年くらいからアメリカのコーヒー会社は投資対象としてM＆Aで買収されており、日本でもこうした動きが増えています。また、資本が注入されるケースも増えてきています。基本的には、そうした状況で経営者は常に変化していなければいけないと思います。私は長い間好きなことをやってきただけで経営能力はないと自覚していましたので、経営ができる人間に経営をバトンタッチしたほうが良いと思いました。一般的なコーヒー業界では、家族から２代目、３代目が継いでいくのですが、私達は社内の優秀な人間に経営を担ってもらうことにしています。時代の変化が非常に激しい業界で、戦っている相手も世界になりますので、新しい経営感覚を持った人材が必要になると考えています。

　以上のように、初めは３つの業態でこの仕事を始めましたが、現状は５つの業態になっています。このうち、生豆輸入と販売が最も多い売上を占めています。なかでも焙煎豆の小売、卸売、ネットショップの売上が増えています。喫茶店については大きな変化が見られないため、今後は焙煎豆の販売を伸ばしていくことを考えています。そこで重要な問題となるのが、専門スキルの承継です。この専門スキルこそが当社の大切な知的財産になります。

　「専門力」と書いてありますが、生豆の調達力、テイスティング力、ブレンディング力、焙煎スキル、これらは現社長の若林がコントロールしていますが、世界トップレベルのクオリティのスキルになっています。トップレベルのスキルを維持していくのは大変ですが、ここを押さえていかなければ、今後、会社が存続していけないだろうと考えています。

　スライドの右側に「プライド」と書いてあるのですが、これは品質に通ずることです。パートナーシップを継続し、品質を維持していく。基本的には、まっとうな仕事をしていく。つまり、「過度な仕事はしない」「余計な、奇をてらった仕事はしない」「余分な出店はしない」ということです。着実に仕事をしていく。このためには、社員にはプライドを持って仕事をして欲しいと願っています。

　コーヒーは、ＳＤＧｓの面で実は発展途上国で生産される換金作物です。東ティモールもそうですが、生産者は小農が多く、年間50万円の年収のある農家は裕福な農家です。小農は生活基盤が脆弱ですので、そこを支援していくのは基本的ポジショニングになります。2003年から東ティモール、2017年からはルワンダの農家の生活向上など、持続的な生産を実現するための支援に取り組んでいます。もう１つ、コーヒーの木は日陰植物ですので生態系の環境保全も非常に大きな課題になってきます。また、倉庫と工場が隣接していますので、二酸化炭素の発生量を抑制し、生豆や焙煎豆の廃棄ロスを削減し、ロスに対しては、他所に転売していくということもやっています。

　私は会長となり、現在実務を一切行っていませんが、堀口珈琲研究所において、新たな品質基準を作ること、すなわち、官能評価を補完するための科学的データとの相関性、官能評価を補完するための味覚センサーの数値との相関性、及びこの３つの数値の相関性を出すということに挑戦しています。難しい面、見えない点がたくさんありますが、一方で解明できたこともあります。

　ここで終了時間になりました。詳しく説明できませんでしたが、講演はこれで終わらせていただきます。ご清聴ありがとうございました。

【参考文献・ウエブページ】

［1］下口ニナ・今井麻子・井形雅代・Dia Noelle Fernandez Velasco・松本芽依・熊谷達哉・田中雅弘・今村祥己（2023）「世界とつながり香り高いコーヒー文化を創造する－茨城県ひたちなか市・サザコーヒーの展開－」土田志郎・今井麻子編著『バイオビジネス・20 －環境激変下を創意工夫で生き抜く経営者－』pp.67-96。

［2］旦部幸博（2016）『コーヒーの科学』講談社ブルーバックス。

［3］旦部幸博（2017）『珈琲の世界史』講談社現代新書。

［4］東京農大経営者フォーラム 2022 実行委員会 (2022)『東京農大経営者フォーラム 2022』pp.10-11。

［5］中野弘志 (2001)『コーヒー自家焙煎教本』柴田書店。

［6］堀口俊英（2010）『珈琲の教科書』新星出版社。

［7］堀口俊英（2023）『新しい珈琲の基礎知識－知りたいことが初歩から学べるハンドブック－』新星出版社。

［8］堀口俊英（2005）『スペシャルティコーヒーの本』旭屋出版。

［9］吉田和夫・大橋昭一 監修、深山 明・海道ノブチカ・廣瀬幹好（2011）『最新 基本経営学用語辞典』同文舘出版。

［10］堀口珈琲ウエブページ「HORIGUCHI COFFEE」（最終閲覧日：2023 年 11 月 13 日）、
https://www.kohikobo.co.jp/

［11］堀口珈琲インスタグラム「HORIGUCHI COFFEE」（最終閲覧日：2023 年 11 月 13 日）、
https://www.instagram.com/horiguchicoffee/

索　引［専門用語・キーワード解説］

執筆者紹介 [五十音順、＊印は編者]

＊井形雅代（いがた・まさよ）
東京農業大学国際食料情報学部 アグリビジネス学科 准教授
専門領域：農業経営学、農業会計学

［主要著書．論文等］

『バイオビジネス・8』（2010）、『バイオビジネス・9』（2011）、『バイオビジネス・11』（2013）、『バイオビジネス・12』（2014）、『バイオビジネス・13』（2015）、『バイオビジネス・14』（2016）、以上、家の光協会、共著

『バイオビジネス・16』（2018）、『バイオビジネス・17』（2019）、『バイオビジネス・18』（2020）、以上、世音社、共著

『バイオビジネス・19』（2022）、清水書院、共著

『バイオビジネス・20』（2023）、農大出版会、共著

「周年型施設花き栽培の導入効果と定着条件－福島県でのトルコギキョウ＋カンパニュラ栽培を事例として－」『農業経営研究』第 56 巻第 2 号（2018）、共著

「原発事故後の福島県産農産物の購買行動の変化と規定要因－消費者アンケートに基づく分析－」『食農と環境』第 30 号 (2022)、共著

犬田剛（いぬた・たけし）
東京農業大学国際食料情報学部 アグリビジネス学科 助教
専門領域：農業経営学、農業金融論

［主要著書．論文等］

『農業法人の M&A―事業継承と経営成長の手法として』（2024）、筑波書房、共著

「地方銀行における中小企業への本業支援の取組状況―「金融仲介機能のベンチマーク」を対象にして―」『日本地域政策研究』第 24 号（2020）

「農業法人の経営者が重視する経営理念の特質と浸透対象―農業法人の経営者へのヒアリング調査を中心に―」『農業経済研究』第 93 巻 1 号（2021）

「経営理念を有する農業法人の特徴と経営成果との関連性－全国アンケート調査から―」『農業経営研究』第 59 巻第 4 号（2022）、共著

「農業法人の M&A の実態と経営成長―企業的農業法人を対象としたアンケート調査から―」『農業経営研究』第 61 巻第 1 号（2023）

内山智裕（うちやま・ともひろ）
東京農業大学国際食料情報学部 アグリビジネス学科 教授
専門領域：農業経営学

［主要著書．論文等］

『バイオビジネス・14』（2016）家の光協会、共著

『バイオビジネス・15』（2017）、『バイオビジネス・16』（2018）以上、世音社、共著

『穀物・油糧種子バリューチェーンの構造と日本の食料安全保障：2020 年代の様相』（2023）、農林統計出版、共著

『日本の食料安全保障と国際環境－国・企業・消費者の視点から－』（2024）、筑波書房、共著

「日系商社による穀物調達行動の実態と課題」『フードシステム研究』第 30 巻第 3 号（2023）
「フィンランドの農業事情と普及」『農業普及研究』第 28 巻 1 号（2023）

大江靖雄（おおえ・やすお）
東京農業大学国際食料情報学部 アグリビジネス学科　教授
専門領域：農村ツーリズム、農業経営の多角化
［主要著書 . 論文等］
　『都市農村交流の経済分析』農林統計協会 (2017)
　Community-based Rural Tourism and Entrepreneurship: A Microeconomic Approach, Singapore: Springer. (2020)
　Investigating Farmer's Identity and Efficiency of Tourism-oriented Farm Diversification, Tourism Economics, 28(2), (2022)
　「農業経営の多角化とアントレプレナーシップ」『農業経営研究』第 60 号第 3 巻（2022）、共著
　「農泊における OTA 利用者の評価分析」『日本観光学会誌』第 63 号 (2023)、共著
　「コロナ禍による酒蔵の経営対応と影響評価」『農業経営研究』第 61 号第 2 巻 (2023)、共著

木原高治（きはら・こうじ）
東京農業大学国際食料情報学部　アグリビジネス学科　教授
専門領域：企業法、企業論、醸造経営論
［主要著書 . 論文等］
　『バイオビジネス・9 』(2011)、『バイオビジネス・10』(2012)、『バイオビジネス・11』(2013)、
　『バイオビジネス・13』(2015)、『バイオビジネス・14』(2016)、以上、家の光協会、共著
　『バイオビジネス・15』(2017)、世音社、共著
　『バイオビジネス・19』(2022)、清水書院、共著
　『小規模株式会社と協同組合の法規制』(2004)、青山社
　『リーマンショック後の企業経営と経営学』(2012)、千倉書房、共著
　『アジアのコーポレート・ガバナンス改革』(2014)、白桃書房、共著

熊谷達哉（くまがや・たつや）
東京農業大学大学院国際食料農業科学研究科 国際アグリビジネス学専攻 博士前期課程 在学中

佐藤和憲（さとう・かずのり）
東京農業大学国際食料情報学部　アグリビジネス学科　教授
専門領域：農産物マーケティング
［主要著書 . 論文等］
　『フードバリューチェーンの国際的展開』農林統計出版 (2020)、共著
　『フードビジネス論』ミネルバ書房 (2021)、共著

「タイ産ホントンバナナの商品戦略とサプライチェーン」『農業市場研究』第 25 号第 2 巻 (2016)、共著
「青果物の卸売市場流通における取引慣行－東京都中央卸売市場における小売企業の仲卸業者への要求と対応－」『農業経済研究』第 89 号第 3 巻 (2017)、共著
「産地における青果物の加工・保管・輸送対応の現状と課題」『農業市場研究』第 29 巻第 3 号 (2021)

鈴村源太郎（すずむら・げんたろう）

東京農業大学国際食料情報学部　アグリビジネス学科　教授
専門領域：農業経営学、農業構造論、都市農村交流論
［主要著書 . 論文等］
『バイオビジネス・11』（2013）、『バイオビジネス・13』（2015）、『バイオビジネス・14』（2016）、以上、家の光協会、共著
『バイオビジネス・16』（2018）、『バイオビジネス・17』（2019）、『バイオビジネス・19』（2021）、以上、世音社、共著
『農山漁村体験で子どもが変わる地域が変わる』（2013）、農林統計協会、編著
『農業経営学の現代的眺望』（2014）、日本経済評論社、共著
『変貌する水田農業の課題』（2019）、日本経済評論社、共著

山田崇裕（やまだ・たかひろ）

東京農業大学国際食料情報学部 アグリビジネス学科 准教授
専門領域：農業経営学、農村コミュニティビジネス論、都市農業論
［主要著書 . 論文等］
『バイオビジネス・5』（2006）、『バイオビジネス・6』（2007）、『バイオビジネス・9』（2011）、『バイオビジネス・11』（2013）、『バイオビジネス・12』（2014）、『バイオビジネス・13』（2015）、『バイオビジネス・14』（2016）、以上、家の光協会、共著
『バイオビジネス・16』（2018）、『バイオビジネス・17』（2019）、『バイオビジネス・18』（2020）、以上、世音社、共著
『農業協同組合の組織・事業とその展開方向－多様化する農業経営への対応－』（2023）、筑波書房、共著
『都市農業の持続可能性』（2023）、日本経済評論社、共著
「韓国の農村コミュニティビジネスの成長要因と課題－経営成長における主体間パートナーシップに着目して－」『農業経営研究』第 58 号第 4 巻（2021）、共著

＊ Saville Ramadhona（さふいる・らまどな）

東京農業大学国際食料情報学部　アグリビジネス学科　准教授
専門領域：データサイエンス、スマート農業・水産業
［主要著書 . 論文等］
『バイオビジネス・18』（2020）、世音社、共著
Recognition of Japanese Sake Quality Using Machine Learning Based Analysis of Physicochemical Properties, Journal of the American Society of Brewing Chemists, (80) (2022)、共著
Shaping a better primary industry through smart technologies, The International Society for Southeast Asian Agricultural Sciences, (29) (2023)、共著

東京農業大学 国際食料情報学部　アグリビジネス学科

1998 年に設置された生物企業情報学科を母体とし、2002 年の大学院国際バイオビジネス学専攻の設置にともない、2005 年 4 月に国際バイオビジネス学科に名称変更、さらに2023 年 4 月にアグリビジネス学科に名称変更。食料の生産、加工、流通、支援サービスを担う人材を育成するため、「経営組織」「経営管理」「経営情報」「マーケティング」「経営戦略」の 5 研究室を設置し、学生の将来目標にあわせた学びの場を用意している。また、大学院生を中心に毎年留学生を受け入れるとともに、海外での実地研修を実施するなど、アグリビジネスの国際化に対応できる人材の育成にも力を入れている。さらに、1 年次から少人数によるゼミナール教育を実施し、アグリビジネスの現場での実習・研修・実践等を通じ新時代に対応する特色ある教育を行っている。

　　連絡先：〒 156 - 8502　東京都世田谷区桜丘 1-1-1

　　TEL：03-5477-2918（国際食料情報学部事務室）

実践・アグリビジネス 1（通巻 21 号）　顧客の喜びと笑顔を創造するユニーク経営

2024 年 3 月 6 日　第1版発行

編著者——東京農業大学国際食料情報学部アグリビジネス学科

井形雅代・Saville Ramadhona

発行所——一般社団法人東京農業大学出版会

代表理事　江口　文陽

〒 156-8502　東京都世田谷区桜丘 1 − 1 − 1

TEL：03-5477-2666　FAX：03-5477-2747

印刷・製本——株式会社ピー・アンド・アイ